Institute für Medizin und Biologie
der Forschungsgemeinschaft
der naturwissenschaftlichen, technischen und medizinischen Institute
der Deutschen Akademie der Wissenschaften zu Berlin
Berlin-Buch

VERZEICHNIS WISSENSCHAFTLICHER ARBEITEN

1947–1961

INSTITUTE FÜR MEDIZIN UND BIOLOGIE
BERLIN-BUCH

AKADEMIE-VERLAG · BERLIN
1962

Herausgeber:
Institute für Medizin und Biologie der Forschungsgemeinschaft der naturwissenschaftlichen, technischen und medizinischen Institute der Deutschen Akademie der Wissenschaften zu Berlin

im Auftrage des Direktoriums:
Abteilung Wissenschaftliche Information, Redaktion: Dr. Eva Malz

Redaktionsschluß am 27. 12. 1961

Erschienen im Akademie-Verlag GmbH, Berlin W 8, Leipziger Straße 3—4

Lizenznummer: 202 · 100/414/62
Gesamtherstellung: IV/2/14 · VEB Werkdruck Gräfenhainichen · 1774
Bestellnummer: 5481 · ES 17 A

GELEITWORT

In der Erkenntnis, daß die komplexe Lösung von wissenschaftlichen Aufgaben bei dem hochentwickelten Stand von Wissenschaft und Technik ein dringendes Erfordernis ist, haben sich die medizinisch-biologischen Akademie-Institute in Berlin-Buch im Oktober 1961 zu einem wissenschaftlichen Zentrum zusammengeschlossen.

Am 27. Juni 1947 wurde durch Befehl der Sowjetischen Militäradministration in Deutschland die Übergabe des medizinisch-biologischen Institutes in Berlin-Buch an die Deutsche Akademie der Wissenschaften verfügt. Das Institut erhielt den Namen „Institut für Medizin und Biologie". Als planmäßige Aufgaben waren gestellt:

a) Unverändert das Profil und die Ausrichtung der Arbeit des medizinisch-biologischen Institutes in Berlin-Buch als eines wissenschaftlichen Forschungsinstitutes beizubehalten, dessen Aufgabe ausschließlich in der Bearbeitung von Problemen der theoretischen und klinischen Medizin besteht;

b) die wissenschaftliche Thematik des medizinisch-biologischen Institutes mit den praktischen Aufgaben der deutschen Gesundheitsfürsorge zu verbinden und diese Thematik mit der deutschen Verwaltung für das Gesundheitswesen zu koordinieren;

c) den Posten des Direktors und der Leiter der Laboratorien mit Personen zu besetzen, die eine höhere medizinische Ausbildung besitzen;

d) die im Betrieb befindlichen Laboratorien für Biochemie und Biophysik weiter beizubehalten und in möglichst kurzer Frist, auf keinen Fall später als Dezember 1947, Versuchslaboratorien für das Studium des Krebsproblems in Gemeinschaftsarbeit mit der Klinik für die Beurteilung von Diagnostik und Heilung der Krebskranken zu organisieren.

Das Institut gliederte sich in die Abteilungen Biochemie, Biophysik, Genetik, Pharmakologie und experimentelle Pathologie, Geschwulstforschung, Gerätebau und die Geschwulstklinik.

1955 war es notwendig geworden, Arbeitsbereiche mit einzelnen Abteilungen zu bilden:

Arbeitsbereich Physik:
Abteilung Biophysik, Abteilung Physik

Arbeitsbereich Biochemie:
Abteilung Biochemie, Botanisches Laboratorium, Geschwulstlaboratorium

Arbeitsbereich Biologie:

Abteilung Biologische Krebsforschung, Abteilung Chemische Krebsforschung, Abteilung Genetik

Arbeitsbereich Pharmakologie:

Abteilung Pharmakologie, Abteilung Mikrobiologie

Arbeitsbereich Angewandte Isotopenforschung

Arbeitsbereich Klinische Medizin:

Chirurgische Abteilung, Innere Abteilung, Gynäkologische Abteilung, Strahlen-Abteilung, Poliklinische Abteilung, Abteilung Statistik, Abteilung für Anaesthesiologie, Apotheke, Pathologisch-anatomisches Laboratorium

Arbeitsbereich Zentrale Anlagen und Verwaltung.

Das am 1. Dezember 1957 gegründete Institut für Kortiko-Viszerale Pathologie und Therapie wurde im Oktober 1958 der Forschungsgemeinschaft der DAW eingegliedert. Ausgehend von den Erkenntnissen der Schule I. P. Pawlows und seiner Schüler, insbesondere K. M. Bykows, stellte sich das Institut die Aufgabe, die Gegenseitigkeitsbeziehungen zwischen der Funktion der Großhirnrinde und derjenigen der inneren Organe weiter zu erforschen. Die Forschungsrichtung verlangte zur Lösung der ihr gestellten Aufgaben ein komplexes methodisches Herangehen. Deshalb wurde die Struktur des Institutes so angelegt, daß sich das Institut als klinische Forschungsstelle der verschiedenen Fachdisziplinen, wie Physiologie, Pathophysiologie, Elektrophysiologie, Pharmakologie, Biochemie, Morphologie u. a., bedienen kann.

Am 8. Dezember 1955 wurde der Beschluß gefaßt, für das zu bildende Institut für Kreislaufforschung zunächst eine Arbeitsstelle mit zwei Arbeitsgruppen zu gründen. Die Arbeitsgruppe für experimentelle Herz- und Gefäßchirurgie hatte sich die Aufgabe gestellt, zur Lösung zahlreicher noch offener theoretischer und methodischer Probleme der Verhütung und chirurgischen Behandlung der Coronar-Insuffizienz und des Herzinfarktes beizutragen. Als Forschungsaufgabe der Arbeitsgruppe für Biochemie war die Biochemie und Pharmakologie des Kreislaufes unter normalen und krankhaft veränderten Verhältnissen festgelegt.

Gemäß Beschluß des Kuratoriums der Forschungsgemeinschaft ist die Bildung der Arbeitsstelle für Infektionskrankheiten im Kindesalter im I. Quartal 1961 in Angriff genommen worden. Die wissenschaftliche Thematik umfaßt die Enterobacteriaceae, die Pertussis, die Staphylokokkosen, das rheumatische Fieber und die Virologie.

Im jetzt gebildeten Forschungszentrum sind folgende Institute vereinigt:

Institut für Biochemie,
Institut für Biophysik,
Institut für angewandte Isotopenforschung,
Institut für experimentelle Krebsforschung,
Institut für Pharmakologie,
Robert-Rössle-Klinik,
Institut für Zellphysiologie,

Institut für Kortiko-Viszerale Pathologie und Therapie,
Arbeitsstelle für Kreislaufforschung
Arbeitsgruppe für Biochemie,
Arbeitsgruppe für experimentelle Herz- und Gefäßchirurgie,
Arbeitsstelle für Infektionskrankheiten im Kindesalter.

Das medizinisch-biologische Forschungszentrum der Deutschen Akademie der Wissenschaften führt die Bezeichnung

Institute für Medizin und Biologie.

Es wird von einem Direktorium geleitet, dem der Präsident des Forschungszentrums, die Direktoren der Institute, die Leiter der Arbeitsstellen und der Sekretär des Direktoriums angehören.
Über die bisherigen Ergebnisse der wissenschaftlichen Arbeiten der einzelnen Institute berichtet das vorliegende Verzeichnis.

W. Friedrich

Prof. Dr. Dr. h. c. W. Friedrich
Präsident der Institute für Medizin und Biologie

INHALTSVERZEICHNIS

In dem vorliegenden Verzeichnis sind, nach sachlichen Gesichtspunkten geordnet, Originalarbeiten, Vorträge, Diplomarbeiten, Dissertationen, Habilitationen, Buchveröffentlichungen und Patente enthalten, die aus den einzelnen Instituten und Arbeitsstellen bis zu ihrem Zusammenschluß im Forschungszentrum erschienen sind. Einzelheiten über die Entwicklung und Arbeitsthematik der einzelnen Institute und Arbeitsstellen sind in dem jährlich erscheinenden Jahrbuch der Deutschen Akademie der Wissenschaften zu Berlin und im Tätigkeitsbericht der Forschungsgemeinschaft der naturwissenschaftlichen, technischen und medizinischen Institute der Deutschen Akademie der Wissenschaften zu Berlin dargelegt.

INSTITUT FÜR BIOCHEMIE

Steroide — Hormone — Herzglykoside

Phosphat-Stoffwechsel

Nukleinsäuren

Tumorforschung

Verschiedenes

Steroide — Hormone — Herzglykoside

Garn, Wilhelm: Über die adsorptionsanalytische Trennung einiger Androgene mit Silikagel. Arch. Geschwulstforsch. *6,* 1 (1953).

— Über eine chemische Bestimmungsmethode von Corticoiden in der Leber. Pharmazie 10, 667 (1955).

Wendland, Werner: Über die Bestimmung der neutralen und phenolischen Ketosteroide im Harn. Dissertation — Berlin 1955.

Repke, Kurt: Die Kinetik der Umsetzung von Oestron und Oestradiol-17-β durch Hefe. Arch. exper. Pathol. Pharmakol. *230,* 178 (1956).

— Eine Methode zur chemischen Bestimmung von Digitoxin in Geweben und Ausscheidungen. Naturwissenschaften *44,* 169 (1957).

— Über den Stoffwechsel von Digitoxin bei der Ratte. Arch. exper. Pathol. Pharmakol. *232,* H. 1 (1957).

Wendland, Werner: Über die Bestimmung der neutralen und phenolischen Ketosteroide mit Pyridin und m-Dinitrobenzol im Harn. Biochem. Z. *328,* 420 (1957).

Repke, Kurt: Die chemische Bestimmung von Digitoxin in Geweben und Ausscheidungen. Arch. exper. Pathol. Pharmakol. *233,* 261 (1958).

— Über das Stoffwechsel-Schicksal von Digitoxin bei der Ratte. Naturwissenschaften *45,* 20 (1958).

— Verteilung, Ausscheidung und Stoffwechsel von Digitoxin bei der Ratte. Arch. exper. Pathol. Pharmakol. *233,* 271 (1958).

— Ein neues Verfahren für die quantitative Bestimmung von Cardenolid- und Digitanol-Verbindungen mit m-Dinitrobenzol. Arch. exper. Pathol. Pharmakol. *234,* 147 (1958).

— Über Digitoxin-Metaboliten bei der Ratte. Naturwissenschaften *45,* 94 (1958).

— Eine Verbesserung der Raymond-Reaktion auf Herzglykoside. Naturwissenschaften *45,* 212 (1958).

— Über das Stoffwechsel-Schicksal von Herzglykosiden. Vortrag, Klasse für Medizin der DAW, Berlin, Oktober 1958.

— Über C_{12}-Hydroxylierung von Herzsteroiden. Naturwissenschaften *45,* 366 (1958).

Lauterbach, Fritz, und *Kurt Repke:* In vitro-Versuche über die Spaltung von Herzglykosiden durch tierische Organe. Vortrag, Tagung der Gesellschaft für Physiol. Chemie, Berlin, September 1959.

Portius, Hans-Joachim, und *Kurt Repke:* Über 17-β- und 17-α-Hydroxysteroid-Dehydrogenasen in den Erythrozyten. Vortrag, Tagung der Gesellschaft für Physiol. Chemie, Berlin, September 1959.

Repke, Kurt: Glykosidspaltung im Tierkörper. Naturwissenschaften *46,* 173 (1959).

— Über Beziehungen zwischen Stoffwechsel und Kumulation von Herzglykosiden. Vortrag, Tagung der Deutschen Pharmakologischen Gesellschaft, Berlin, September 1958. Arch. exper. Pathol. Pharmakol. *236,* 242 (1959).

— Über Spaltung und Hydroxylierung von Digitoxin bei der Ratte. Arch. exper. Pathol. Pharmakol. *237,* 34 (1959).

— Die Bis- und Mono-Digitoxoside des Digitoxigenins und Digoxigenins: Metaboliten des Digitoxins. Arch. exper. Pathol. Pharmakol. *237,* 155 (1959).

— Stoffwechsel und Wirkung von Herzgiften. Vortrag, Medizinische Forschungsanstalt der Max-Planck-Gesellschaft, Göttingen, Februar 1959.

— Das Stoffwechsel-Schicksal der Herzglykoside. Vortrag, Medizinischer Verein Greifswald, April 1959.

Repke, Kurt und *Fritz Lauterbach:* Über Digitalis-Entgiftung. Vortrag, Tagung der Deutschen Gesellschaft für Kreislaufforschung, Bad Nauheim, April 1959.

Lauterbach, Fritz, und *Kurt Repke:* Über den Anteil tierischer und mikrobieller Fermente an der Glykosidspaltung im Organismus. Vortrag, Frühjahrstagung der Deutschen Pharmakologischen Gesellschaft, Mainz, April 1960. Arch. exper. Pathol. Pharmakol. *240,* 2 (1960).

— Die fermentative Abspaltung von D-Digitoxose, D-Cymarose und L-Thevetose aus Herzglykosiden durch Leberschnitte. Arch. exper. Pathol. Pharmacol. *239,* 196 (1960).

— Über die Verteilung herzglykosidspaltender Fermente im tierischen Organismus. Arch. exper. Pathol. Pharmakol. *240,* 45 (1960).

Lauterbach, Fritz: Über das Stoffwechselschicksal von Herzglykosiden. Dissertation — Berlin 1960.

Portius, Hans Joachim: Vorkommen und Aktivität von Fermenten des Steroidstoffwechsels in den Erythrozyten von Mensch und Tier. Dissertation — Halle/Wittenberg 1960.

Portius, Hans Joachim, und *Kurt Repke:* Artspezifische Unterschiede im Gehalt der Erythrozyten an Oestradiol-Dehydrogenasen. Naturwissenschaften *47,* 43 (1960).

— Über Stereospezifität und Aktivität der Oestradiol-Dehydrogenasen in den Erythrozyten von Mensch und Tier. Arch. exper. Pathol. Pharmakol. *239,* 184 (1960).

— Hydroxysteroid-Dehydrogenasen, Δ^5-3-Ketosteroid-Isomere und Δ^4-Steroid-Hydrogenase in roten Blutzellen. Arch. exper. Pathol. Pharmakol. *239,* 209 (1960).

— Eine Oestradiol-17-β-Dehydrogenase in den Erythrozyten der Ratte Arch. exper. Pathol. Pharmakol. *239,* 144 (1960).

Repke, Kurt, und *Fritz Lauterbach:* Cardenolid-Aglykone als Wasserstoff-Überträger in Pyridinnukleotid-Systemen. Vortrag, Tagung der Deutschen Pharmakologischen Gesellschaft, Basel/Schweiz, Oktober 1959. Arch. exper. Pathol. Pharmakol. *238,* 46 (1960).

Repke, Kurt: Über die Adsorptionsspektren von Herzgiften in Schwefelsäure. Arch. exper. Pathol. Pharmakol. *239*, 131 (1960).

— Über fermentative Epimerisierung von Geninen aus der Cardenolid-Reihe. Vortrag, Frühjahrstagung der Deutschen Pharmakologischen Gesellschaft, Mainz, April 1960. Arch. exper. Pathol. Pharmakol. *240*, 2 (1960).

— Über das Schicksal herzwirksamer Glykoside im Organismus. Biologisches Kolloquium des Pharmakologischen Instituts der Universität Frankfurt/Main, Juli 1960.

Lindig, Claus, und *Kurt Repke:* Über das Verhalten von Cardenoliden und Cardanoliden gegenüber Alkali. Vortrag, Herbsttagung der Deutschen Pharmakologischen Gesellschaft, Würzburg, Oktober 1960. Arch. exper. Pathol. Pharmakol. *241*, 165 (1961).

Megges, Rudolf, und *Kurt Repke:* Über Faktoren, welche die orale Wirksamkeit von Herzglykosiden bestimmen. Vortrag, Frühjahrstagung der Deutschen Pharmakologischen Gesellschaft, Mainz, April 1961. Arch. exper. Pathol. Pharmakol. *241*, 534 (1961).

Megges, Rudolf, and *Kurt Repke:* Improved Intestinal Absorption of Polar Cardiac Glycosides by Acetylation. Short communication. First International Pharmacological Meeting, August 22—25, 1961, Stockholm. Biochem. Pharmacol. *8*, 36 (1961).

Portius, Hans Joachim, Irmgard Herrmann und *Kurt Repke:* Untersuchungen zur Ursache der relativen Digitalisresistenz der Kröte (*Bufo vulgaris* Laur). Vortrag, Frühjahrstagung der Deutschen Pharmakologischen Gesellschaft, Mainz, April 1961. Arch. exp. Pathol. Pharmakol. *241*, 534 (1961).

Portius, Hans Joachim, and *Kurt Repke:* Influence of Cardiac Poisons and of some of their Inactive Derivatives on Membrane ATPase. Short communication. First International Pharmacologial Meeting, August 22—25, 1961, Stockholm. Biochem. Pharmacol. *8*, 36 (1961).

Repke, Kurt, und *Hans-Joachim Portius:* Untersuchungen zur Ursache der Wirkungsunterschiede zwischen Digitoxin und Dihydrodigitoxin. Vortrag, Frühjahrstagung der Deutschen Pharmakologischen Gesellschaft, Mainz, April 1961. Arch. exp. Pathol. Pharmakol. *241*, 535 (1961).

Repke, Kurt: Über das Stoffwechsel-Schicksal von Digitoxin und Dihydrodigitoxin. Vortrag, Herbsttagung der Deutschen Pharmakologischen Gesellschaft, Würzburg, Oktober 1960. Arch. exper. Pathol. Pharmakol. *241*, 165 (1961).

— Metabolism of Cardiac Glycosides. Introductory lecture, Symposion on „New Aspects of Cardiac Glycosides“, First International Pharmacological Meeting, August 22—25, 1961, Stockholm. Biochem. Pharmacol. *8*, 54 (1961).

Phosphat-Stoffwechsel

Langen, Peter: Untersuchungen an den kondensierten Phosphaten der Hefe. Diplomarbeit — Berlin 1955.

Lohmann, Karl, und *Peter Langen:* Über die kondensierten Phosphate in Organismen. In: Festschrift zum 10jährigen Bestehen der DAW, Akademie-Verl., Berlin 1956. S. 297.

— Untersuchungen an den kondensierten Phosphaten der Hefe. Biochem Z. *328,* 1 (1956).

Negelein, Erwin: Fermentchemische Bestimmung von Adenosin-5-phosphat, Adenosindiphosphat und Adenosintriphosphat nebeneinander. Vortrag Hauptjahrestagung der Chemischen Gesellschaft in der DDR, Leipzig, Oktober 1956.

Langen, Peter: Über die Polyphosphate der Hefe. Vortrag, Hauptjahrestagung der Chemischen Gesellschaft in der DDR, Leipzig, Oktober 1956. Mitteilungsblatt/Sonderheft, S. 86 (1957).

Liß, Eberhard: Untersuchungen mit P^{32} über den Polyphosphatstoffwechsel der Hefe. Vortrag, Allunions-Konferenz für die Anwendung radioaktiver und stabiler Isotope in Wissenschaft und Technik. Moskau, April 1957.

Lohmann, Karl: Über das Vorkommen kondensierter Phosphate in Lebewesen. Vortrag, Mainzer Phosphat-Symposium, April 1957.

— Über die Physiologie von Polyphosphatsäureestern. Vortrag, Gesellschaft Deutscher Chemiker, Homburg/Saarland, November 1957.

Gladtke, Erich, und *Eberhard Liß:* Über die Beeinflussung der oxydativen Phosphorylierung isolierter Rattenlebermitochondrien durch verschiedene Nitrophenole. Biochem. Z. *331,* 65 (1958).

Langen, Peter: Über den Polyphosphat-Stoffwechsel. Vortrag, Institut für Mikrobiologie und experimentelle Therapie, Jena, Februar 1958.

— Über Polyphosphate in Ostseealgen. Acta biol. med. germ. *1,* 368 (1958).

— Bildung und Umsatz der Polyphosphate in der intakten Hefezelle. Dissertation — Berlin 1958.

Liß, Eberhard und *Peter, Langen:* Die Charakterisierung biologischer Polyphosphate mit Hilfe von P^{32}. Radiochemisches Kolloquium der Chemischen Gesellschaft in der DDR, März 1958.

Langen, Peter, und *Eberhard Liß:* Über den Polyphosphat-Stoffwechsel der Hefe. Vortrag, IV. Internationaler Kongreß für Biochemie, Wien, September 1958.

— Über die Polyphosphate der Hefe. Naturwissenschaften *45,* 191 (1958).

— Bildung und Umsatz der Polyphosphate der Hefe. Biochem. Z. *330,* 455 (1958).

— Untersuchung mit P^{32} über Bildung und Umsatz der Polyphosphate. Kolloquium November 1958. Dtsch. Ges.wesen *14,* 1829 (1959).

Liß, Eberhard und *Peter Langen:* Zur Charakterisierung der Polyphosphate der Hefe. Naturwissenschaften *46,* 151 (1959).

Langen, Peter, und *Eberhard Liß:* Zum Adenosintriphosphat-Stoffwechsel der Hefe. Vortrag, Tagung der Gesellschaft für Physiol. Chemie, Berlin, September 1959. Kurzreferate, S. 40.

— Differenzierung des Ortho-Phosphats der Hefezelle. Biochem. Z. *332*, 403 (1960).

Liß, Eberhard, und *Peter Langen:* Über ein hochmolekulares Polyphosphat der Hefe. Biochem. Z. *333*, 113 (1960).

Nukleinsäuren

Liß, Eberhard, Ferdinand Schmidt, Peter Langen und *Ulrich Schneeweiß:* Über Versuche zur immunologischen Abgrenzung von Desoxyribonukleoproteiden aus Normal- und Krebsgewebe. Vortrag, Tagung der Gesellschaft für Physiol. Chemie, Berlin, September 1959. Kurzreferate, S. 42.

Schmidt, Ferdinand, Eberhard Liß, Rosa Coutelle, Ulrich Schneeweiß und *Peter Langen:* Versuche zur Immunologie von Nukleinsäuren und Nukleoproteiden aus normalen und malignen Geweben. Vortrag, 6. Tagung des Deutschen Zentralausschusses Krebsforschung und Krebsbekämpfung, Berlin, März 1959.

Schmidt, Ferdinand, Eberhard Liß und *Rosa Coutelle:* Über Versuche mit radioaktiv (J^{131}) markierten Antikörpern gegen Nukleinsäuren und Nukleoproteide aus hepatozellulärem Rattencarcinom und normaler Rattenleber. Z. Krebsforsch. *62*, 658 (1959).

Schneeweiß, Ulrich, Rosa Coutelle und *Ferdinand Schmidt:* Weitere Versuche zur Immunologie von Desoxyribonukleinsäuren und Desoxyribonukleoproteiden aus hepatozellulärem Lebercarcinom und normaler Rattenleber. Z. ges. inn. Med. Grenzgebiete. *14*, 343 (1959).

Schneeweiß, Ulrich, Eberhard Liß, Peter Langen und *Ferdinand Schmidt:* Über Versuche zur immunologischen Abgrenzung von Desoxyribonukleoproteiden aus einem transplantablen Nierencarcinom des Goldhamsters und aus normaler Goldhamsterniere. Z. Krebsforsch. *63*, 345 (1960).

Langen, Peter: Gewinnung von Mononucleotiden aus hochpolymerer DNS mit Hilfe von Schlangengift. Biochem. Z. *334*, 65 (1961).

Langen, Peter, und *Eberhard Liß:* Unterschiede im Einbau von radioaktivem Phosphat in die Nucleotide der Desoxyribonucleinsäure. Acta biol. med. germ. *6*, 186 (1961).

Tumorforschung

Negelein, Erwin: Versuche über Aufnahme von Aminosäuren durch Gewebsschnitte von Tumoren. Biochem. Z. *323*, 214 (1952).

Müller, Gunter: Über die Aufnahme von Aminosäuren durch Gewebsschnitte von Tumoren. Arch. Geschwulstforsch. *VI*, 31 (1953).

Müller, Gunter: Über die Aufnahme von Aminosäuren durch Gewebsschnitte eines transplantablen Rattensarkoms. Diplomarbeit — Berlin 1953.

Lührs, Walter, und *Erwin Negelein:* Über das Vorkommen von Milchsäuredehydrogenase im Blutserum krebskranker Patienten. Klin. Wschr. *5/6,* 148 (1955).

Negelein, Erwin, und *Walter Eschbach:* Untersuchungen über den Stoffwechsel des Portioepithels und Portiocarcinoms. Arch. Gynäkol. *185,* 504 (1955).

— Über den Stoffwechsel des Portioepithels und des Portiocarcinoms in Serum. Arch. Gynäkol. *187,* 77 (1955).

Schmidt, Ferdinand: Über die ätiologische Einheit epithelialer und mesenchymaler Tumoren im Sinne der Induktionstheorie der Krebsentstehung. Z. ges. inn. Med. Grenzgebiete. *10,* 262 (1955).

— Über Filtratversuche mit Mäusetransplantationstumoren. Z. Krebsforsch. *60,* 445 (1955).

— Über heterologe Tumorübertragung, insbesondere durch Aspiration von Geschwulstzellen. Z. Krebsforsch. *60,* 581 (1955).

— Über das gehäufte Auftreten verschiedenartiger Geschwülste bei den Nachkommen von Müttern mit Transplantationstumoren. Naturwissenschaften *42,* 347 (1955).

— Über Tumorübertragung durch Aspiration und deren Bedeutung. Naturwissenschaften *42,* 104 (1955).

Lohmann, Karl, und *Ferdinand Schmidt:* Über die Sauerstoffempfindlichkeit und Beständigkeit des leukämieerzeugenden Induktors aus Ehrlich-Ca-Filtraten. Naturwissenschaften *43,* 20 (1956).

— Über das Verhalten des leukämieerzeugenden Induktors aus Ehrlich-Ca-Patienten bei der Dialyse. Naturwissenschaften *43,* 254 (1956).

— Über das Verhalten des leukämieerzeugenden Induktors aus Ehrlich-Ca-Filtraten bei Säurefällung. Naturwissenschaften *43,* 255 (1956).

Schmidt, Ferdinand: Über das Auftreten verschiedenartiger Tumoren bei Mäusen nach Injektion einer Zytoplasmafraktion aus Ehrlich-Ca-Zellen. Z. ges. inn. Med. Grenzgebiete. *11,* 640 (1956).

— Reversible Virusinaktivierung durch SH-Blocker und Immunisierung. Naturwissenschaften *43,* 522 (1956).

— Die Krebsentstehung im Lichte neuer experimenteller Befunde. In: Festschrift zum 10jährigen Bestehen der DAW, Akademie-Verl., Berlin 1956, S. 273.

— Über Leukämieübertragung durch Aspiration. Naturwissenschaften *43,* 21 (1956).

— Über den intrazellulären Sitz des leukämieerzeugenden Faktors aus Substraten des Ehrlich-Carcinoms. Zbl. allg. Pathol. pathol. Anatom. *95,* 36 (1956).

Lohmann, Karl, und *Ferdinand Schmidt:* Über einige Eigenschaften des leukämieerzeugenden Agens des Ehrlich-Ca-Filtrats der Maus. Z. Krebsforsch. *61,* 520 (1957).

— Über die Leukämiehäufigkeit bei Mäusen nach Injektion von Normalgewebsfiltraten. Naturwissenschaften *44,* 185 (1957).

Schmidt Ferdinand: Über die Bedeutung der freien SH-Gruppen für die Aktivität des Agens des Rous-Sarkoms und des Shope-Papillom-Virus. Z. Krebsforsch. *61,* 527 (1957).

— Über Filtrationsversuche von Mäuse-Tumoren mittels bakteriendichter G5-Glasfilternutschen. Zbl. allg. Pathol. pathol. Anatom. *96,* 211 (1957).

— Über zellfreie Tumorübertragung. Abh. dtsch. Akad. Wiss. Berlin, Kl. med. Wiss., S. 112 (1957).

— Über Tumorübertragung per Klysma. Arch. Geschwulstforsch. *10,* 293 (1957).

— Beitrag zur Geschwulst-Metastasierung. Arch. Geschwulstforsch. *10,* 275 (1957).

— Virus und Leukämie. Versuch einer Deutung experimenteller Ergebnisse bei Tier und Mensch. Z. ges. inn. Med. Grenzgebiete. *12,* 337 (1957).

Graetz, Helene, Heinz Bielka und *Erwin Negelein:* Versuche über Wachstumsbedingungen für die Ehrlichsche Mäuseascites-Carcinomzelle. Acta biol. med. germ. *1,* 379 (1958).

Negelein, Erwin, und *Ferdinand Schmidt:* Über eine Methode zur Abtrennung von Begleitproteinen in Extrakten des Rous-Sarkoms. Arch. Geschwulstforsch. *12,* 174 (1958).

Negelein, Erwin: Einfluß eines Serumfaktors auf die Glykolyse des Ehrlichschen Mäuseascites-Carcinoms. Vortrag, IV. Internationaler Kongreß für Biochemie, Wien, September 1958.

Schmidt, Ferdinand: Über Transplantationsversuche mit experimentellen Filtratleukämien und spontanen Leukosen bei AB-Mäusen. Naturwissenschaften *45,* 137 (1958).

— Über die Übertragung von Tumoren durch Fütterung von Tumorgewebe. Z. Krebsforsch. *62,* 434 (1958).

Schmidt, Ferdinand, und *Karl Lohmann:* Weitere Befunde zur Charakterisierung des Myelose-Virus der Maus. Naturwissenschaften *45,* 137 (1958).

Schmidt, Ferdinand, Rosa Coutelle und *Ulrich Schneeweiß:* Versuche zur immunologischen Charakterisierung von Desoxy- und Ribonukleinsäuren aus normaler Rattenleber, hepatozellulärem Lebercarcinom und dem Jensensarkom der Ratte mit der Komplementbindungsreaktion. Arch. Geschwulstforsch. *14,* 68 (1958).

Negelein, Erwin: Steigerung der Glykolyse der Ehrlichschen Mäuseascites-Carcinomzelle durch Bestandteile des Blutserums. Vortrag, Tagung der Gesellschaft für Physiol. Chemie, Berlin, September 1959.

Negelein, Erwin, Helene Graetz und *Karl-Heinz Menke:* Steigerung der Glykolyse der Ehrlichschen Mäuseascites-Carcinomzelle durch Bestandteile des Blutserums. Z. Naturforsch. *14,* 434 (1959).

Schmidt, Ferdinand: Über den Einfluß des Suspensionsmediums und der Einfrierung auf die Aktivität des Myelosevirus der Maus. Arch. Geschwulstforsch. *14,* 117 (1959).

— „Darf ich Ihnen keine anbieten?" Aufklärungsfilm über die Gefahren des Rauchens. DEFA-Populärfilm 1959, im Auftrage des Ministeriums für Gesundheitswesen der DDR. Anregung, wissenschaftliches Exposé und fachliche Beratung: F. Schmidt.

— Krebs, Virus und Induktor. Eine Untersuchung über die Krebsentstehung und Ausschnitte aus der speziellen Onkologie. Akademie-Verl., Berlin 1960.

Schön, Rudolf: Die Aufnahme von Cystein und Schwermetallionen durch Zellen des Ehrlichschen Mäuseascites-Carcinoms in vitro und ihre Wirkungen. Vortrag, Tagung der Gesellschaft für Physiol. Chemie, Berlin, September 1959.
— Die Wirkung von Cystein und Schwermetallionen auf Zellen des Ehrlichschen Mäuseascites-Carcinoms. Dissertation — Berlin 1959.
Schmidt, Ferdinand, Eberhard Liß und *Helmut Ernst:* Modellversuche an Transplantationstumoren zur Lokalisationsdiagnostik von malignen Geschwülsten mit Hilfe radioaktiver Isotope. Strahlentherapie *114,* 415 (1961).
Schön, Rudolf, Karl-Heinz Menke und *Erwin Negelein:* Einfluß von Schwermetallionen auf die Ehrlichsche Mäuseascites-Carcinomzelle und die Wirkung von Cystein. Z. physiol. Chem. *323,* 155 (1961).

Verschiedenes

Brucker, Wolfgang: Über Utigers Reaktion zur geschlechtlichen Differenzierung von *Phycomyces*-Stämmen. Arch. Protistenkunde *100,* 339 (1955).
— Zur Gallussäureproduktion des *Phycomyces* und ihrer Abhängigkeit von Aneurin. Flora *142,* 343 (1955).
Negelein, Erwin: Über das Vorkommen von Gärungsfermenten im Blutserum und seine Bedeutung. Vortrag im Krankenhaus Friedrichshain, Berlin, September 1955.
— Über kinetische Untersuchungen an der Pyruvatkinase. Vortrag, Berliner Physiologische Gesellschaft, Oktober 1955.
Brucker, Wolfgang: Vergleichende Untersuchungen der Phenol- und Carotinoidbildung durch Phycomyces. Naturwissenschaften *43,* 450 (1956).
— Zum Phenolbildungsvermögen des *Phycomyces.* Flora *144,* 159 (1956).
Brucker, Wolfgang, und *Erhard Bender:* Studien zur zellfreien Tumorübertragung an Pflanzen I. Z. Botanik *44,* 531 (1956).
Brucker, Wolfgang: Über die Bedeutung der Atmungs- und Assimilationsvorgänge für die Phototaxis grüner Schwärmzellen. Vortrag, Tagung der Deutschen Botanischen Gesellschaft, 1956. Ber. dtsch. bot. Ges. 1956.
— Zur Biosynthese der Gallussäure durch *Phycomyces.* Vortrag, Tagung der Deutschen Botanischen Gesellschaft, 1956. Ber. dtsch. bot. Ges. 1956.
Eschbach, Walter, und *Erwin Negelein:* Der Stoffwechsel des Portioepithels in der ersten Hälfte der Schwangerschaft. Arch. Gynäkol. *187,* 337 (1956).
— Die Wirkung von Oestradiol und Progesteron auf den Stoffwechsel des Uterus infantiler Mäuse und über den Stoffwechsel des Uterus geschlechtsreifer Mäuse in den verschiedenen Phasen des Zyklus. Arch. Gynäkol. *188,* 84 (1956).
— Über den Stoffwechsel des Endometriums. Arch. Gynäkol. *187,* 497 (1956).
Liß, Eberhard: Über Farbreaktionen aromatischer Nitroverbindungen mit Alkali in Pyridin. Dissertation — Berlin 1956.

Liß, Eberhard: Untersuchungen über die Zimmermannsche Farbreaktion zur Bestimmung von C^{17} Ketosteroiden. Dtsch. Ges.wesen *48*, 1649 (1956).

Liß, Eberhard, J. Liebster, Kozel, Babicki und *Günther Sydow:* Markierung von Eiweiß mit J^{131}. Chem. listy (ČSSR) 1956.

Lohmann, Karl, und *Eberhard Liß:* Sterische Hinderung der Mesomerie bei Alkylderivaten des 1,3,5-Trinitrobenzols. Chem. Ber. *89,* 2546 (1956).

Schön, Rudolf: Untersuchungen über ein DPNH-dehydrierendes Fermentsystem bei *Drosophila melanogaster.* Diplomarbeit — Berlin 1956.

Brucker, Wolfgang: Hemmungsanalytische Studien zur Phenol-Karbonsäurebildung durch *Phycomyces blakesleeanus.* Arch. Mikrobiol. *26,* 302 (1957).

— Zur Biogenese der Gallus-Protokatechusäure durch *Phycomyces blakesleeanus.* Planta *48,* 627 (1957).

— Zur Physiologie des Pflanzentumors. Vortrag, Botanisches Institut Greifswald, Februar 1957.

— Ernährungs- und hemmungsanalytische Studien zur Phenolkarbonsäurebildung des *Phycomyces.* Vortrag, Institut für Mikrobiologie und experimentelle Therapie, Jena, März 1957, und Botanisches Institut Potsdam, April 1957.

— Neues zum Problem der crowngall-Tumoren, Vortrag, Landwirtschaftlich-Botanisches Institut Potsdam, April 1957.

— Zur Phenolkarbonsäurebildung des *Phycomyces* aus C^{14} markierten Substanzen. Vortrag, Tagung der Deutschen Botanischen Gesellschaft, Heidelberg, Juni 1957.

— Zur Ansäuerung des Nährmediums durch Pflanzen. Vortrag, Landwirtschaftlich-Botanisches Institut Berlin, November 1957.

— Zur Anatomie und Physiologie des Pflanzenkrebs. Vortrag, Institut für Mikrobiologie und experimentelle Therapie, Jena, November 1957.

Negelein, Erwin und *Rudolf Schön:* Über ein DPNH-dehydrierendes Fermentsystem bei *Drosophila melanogaster.* Biochimia *22,* 191 (1957).

Negelein, Erwin: Über die Energieumwandlung in der lebenden Zelle. Vortrag im Krankenhaus Friedrichshain, Berlin, November 1957.

Weygand, Friedrich, Wolfgang Brucker, Hans Grisebach und *Eberhard Schulz:* Stoffwechseluntersuchungen mit meso-Inosit-^{14}C. Z. Naturforsch. *128,* 222 (1957).

Gladtke, Erich, und *Wolfgang Brucker:* Über die Ansäuerung der Nährflüssigkeit durch *Phycomyces blakesleeanus.* Arch. Mikrobiol. *29,* 53 (1958).

Graetz, Helene, und *Erwin Negelein:* Manometrische Bestimmung des Kohlendioxydgehaltes von Gasgemischen. Biochem. Z. *329,* 463 (1958).

Liß, Eberhard: Über den Einfluß einiger alkylierter Nitrophenole auf den Stoffwechsel der Hefe. Acta biol. med. germ. *1,* 373, (1958).

Gladtke, Erich: Über die Abhängigkeit der Aminoacidurie von Diurese und Eiweißzufuhr. Z. ges. inn. Med. Grenzgebiete *14,* 273 (1959).

Liß, Eberhard: Erfahrungen mit der präparativen Elektrophoresesäule bei der Isolierung der γ-Globuline aus Serum. Vortrag, Akademie für Sozialhygiene, Arbeitshygiene und ärztliche Fortbildung, Berlin, Fortbildungskursus für Elektrophorese und verwandte Gebiete, Oktober 1959.

Liß, Eberhard: Reinigung von biologischen Polyphosphaten mit der Elektrophoresesäule. Vortrag, Akademie für Sozialhygiene, Arbeitshygiene und ärztliche Fortbildung, Berlin, Fortbildungskursus für Elektrophorese und verwandte Gebiete, Oktober 1959.

Rautenburg, Hans-Werner: Zur Frage der Histidinurie bei Gesunden und Kranken. Ärztl. Wschr. *14,* 1 (1959).

Schön, Rudolf: Die Energiebildung in der Muskelzelle als Grundlage der Muskelfunktion. Vortrag im Krankenhaus Friedrichshain, Fortbildungskursus, Berlin, Dezember 1959.

Voigt, Kurt: Zur mikrochemischen Bestimmung des Histidins in Eiweißhydrolisaten und im Harn. Biochem. Z. *331,* 127 (1959).

INSTITUT FÜR BIOPHYSIK

Wirkung ionisierender Strahlung

Meßmethoden ionisierender Strahlung

Spezielle physikalische Aufgaben

Klinische und experimentelle Tumorforschung

Pflanzenstoffwechsel und Pflanzentumore

Verschiedenes

Wirkung ionisierender Strahlung

(UV, Elektronen, Biometeorologie, Mikroautoradiographie

Fieber, Sigrid: Untersuchungen über die Auslösung des Myokardinfarktes durch meteorologische und solare Faktoren. Angew. Meteorol. *1*, H. 5 (1952).

Fieber, Sigrid, und *Dietrich Mücke:* Über die Auslösung der Diphtherie durch meteorologische Einflüsse. Dtsch. Ges.wesen 7, H. 10 (1952).

Fieber, Sigrid: Über den Einfluß meteorologischer und solarer Faktoren auf den lebenden Organismus. Kolloquium am 1. Juli 1953. Dtsch. Ges.wesen *8*, 47 (1953).

Schumacher, Werner: Das Testobjekt in der Biophysik. Arch. Geschwulstforsch. *6*, H. 3/4 (1953).

Burger, Alexander: Solare Aktivität und ihre Spiegelbilder. Arch. Geschwulstforsch. *6*, 257—266 (1954).

— Zur Bestimmung der Größenordnung der Druckverhältnisse in Hochvakuumanlagen mit Hilfe der Fluoreszenzerscheinungen. Exp. Techn. Physik *2*, 38—39 (1954).

Fieber, Sigrid: Bericht über die Tagung der Deutschen Gesellschaft für Balneologie, Bioklimatologie und Physikalische Therapie im Oktober 1953 in Bad Reichenhall. Wiss. Ann. *3*, 60 (1954).

Graffi, Arnold, Heinz Kriegel, Friedrich Windisch und *Peter Schwensow:* Über die Abhängigkeit der photodynamischen Wirkung von der Intensität der UV-Bestrahlung. Experientia (Basel) *10*, 68 (1954).

Schulz, Dieter: Die Veränderung des Brechungsindex des Wassers bei gleichzeitiger Einstrahlung des Lichtes von intensiven Hg-Brennern. Diplomarbeit — Potsdam 1954.

Burger, Alexander: Langsame Elektronen und ihre Einwirkung auf die belebte und unbelebte Materie. Kolloquium am 25. Januar 1956. Dtsch. Ges.wesen *11*, 1479 (1956).

Fieber, Sigrid: Die Einflüsse meteorologischer Faktoren auf den menschlichen Organismus. Wiss. Ann. *5*, 582—588 (1956).

Burger, Alexander: Die Resistenz von Sporen des *Oidium lupuli* gegen Hochvakuum im Hinblick auf Untersuchungen mit freien Elektronen. Arch. Mikrobiol. *26*, 423—427 (1957).

— Die Wirkung langsamer Elektronen auf Mikroorganismen. Arch. Geschwulstforsch. *14*, 13 (1958).

Görner, Sigrid: Untersuchungen über die biologische Wirksamkeit der langwelligen atmosphärischen Hochfrequenzstrahlung. Arch. Geschwulstforsch. *14*, 45 (1958).

Malz, Walter: Zur Verwendung der flüssigen Kernspuremulsion K-2 für die Mikroautoradiographie. Kernenergie *1*, H. 10, 813—816 (1958).

Malz, Walter: Untersuchungen über die Verteilung von Wismut-210 mit Hilfe der Mikroautoradiographie. Arch. Geschwulstforsch. *14*, 64 (1958).

Thielo, Willy: Aufbau einer Apparatur zur Messung von Intensitätsschwankungen der Höhenstrahlung. Diplomarbeit — Berlin 1958.

Wetzel, Rolf: Zum Wirkungszentrum der kanzerogenen Eigenschaften des ultravioletten Lichtes. Dissertation — Berlin 1958.

— Zum Wirkungsspektrum der cancerogenen Eigenschaften des ultravioletten Lichtes. Arch. Geschwulstforsch. *14*, 75—80 (1958) u. 120—131 (1959).

— Zum Wirkungsspektrum der cancerogenen Eigenschaften des UV. Dtsch. Ges.wesen *14*, 1831 (1959).

— Zum Wirkungsspektrum der cancerogenen Eigenschaften des ultravioletten Lichtes. II. Arch. Geschwulstforsch. *15*, 227—237 (1959).

Wintzer, Detlev: Aufbau einer Apparatur zur Messung von Elektronenenergieverlusten und Aufnahmen der Verlustspektren von dünnen organischen Schichten. Diplomarbeit — Berlin 1959.

— Messungen von Elektronen-Energieverlusten in dünnen organischen Schichten. Kolloquium am 10. April 1958. Dtsch. Ges.wesen *14*, 2136 (1959).

Burger, Alexander: Die Keimungsbeeinflussung an Pilzsporen durch biologische und physikalische Faktoren. Probleme und Ergebnisse aus Biophysik und Strahlenbiologie II, Berlin S. 219—225, 1960.

Burger, Alexander, und *Rudolf Przyborowski:* Beitrag zur Frage der Dosierung von Mikroorganismen. Zbl. Bakteriol. *180*, 411—418 (1960).

Eschke, Wilhelm, Wolfgang Eckert und *Rolf Wetzel:* Über den Einfluß der inaktivierenden Wellenlänge der UV-Strahlung auf die Reaktivierung von Bakteriophagen. Naturwissenschaften *47*, 521 (1960).

Eckert, Wolfgang, Wilhelm Eschke und *Rolf Wetzel:* Zur Kapazität UV-bestrahlter *E. coli* B/r-Bakterien für T 1-Phagen, die mit UV verschiedener Wellenlänge inaktiviert wurden. Naturwissenschaften *47*, H. 24, 606—607 (1960).

Görner, Sigrid: Bioklimatologische Untersuchungen im Hinblick auf meteoropathologische Erscheinungen. Arbeitstagung Biophysik 1958. Probleme und Ergebnisse aus Biophysik und Strahlenbiologie II, Berlin, S. 233—241, 1960.

Malz, Walter: Bildung organischer Peroxyde in der Leber von Ratten, die mit ionisierenden Strahlen bestrahlt wurden. (russ.) Biofisika *5*, No. 5, 546—551 (1960).

Wetzel, Rolf, Wilhelm Eschke und *Wolfgang Eckert:* Über den UV-Ionisationsmechanismus des Bakteriophagen T 1 bei verschiedenen Wellenlängen. Mber. dtsch. Akad. Wiss. Berlin, *2*, H. 11 (1960).

Wetzel, Rolf: Zum Wirkungsspektrum der cancerogenen Eigenschaften des ultravioletten Lichtes. Arbeitstagung Oberhof 1958. Probleme und Ergebnisse aus Biophysik und Strahlenbiologie II, Berlin, S. 164—167, 1960.

Wetzel, Rolf, und *Hannelore Lipke:* Photochemische Veränderungen des Tyrosins und Tryptophans nach Bestrahlung mit UV-Licht der Wellenlängen 289 mμ, 297 mμ, 302 mμ und 313 mμ. Arbeitstagung Biophysik Oberhof 1958. Probleme und Ergebnisse aus Biophysik und Strahlenbiologie II, Berlin, S. 166—169, 1960.

Wintzer, Detlev: Messungen von Energieverlusten langsamer Elektronen in dünnen Schichten organischer Substanzen. Arbeitstagung Oberhof 1958. Probleme und Ergebnisse aus Biophysik und Strahlenbiologie II, Berlin, S. 136—142, 1960.

Malz, Walter: Zur Rolle organischer Lipidperoxyde bei der Strahlenschädigung. Dissertation — Berlin 1961.

Kudraschow, J. B., Walter Malz und *E. N. Gontscharenko:* Die toxische Wirkung von Ölsäure und ihrer Oxydationsprodukte. Zur Frage des zytotoxischen Faktors bei der Strahlenschädigung von Tieren. (russ.) Radiobiologija *1*, No. 1, 78—85 (1961).

Meßmethoden ionisierender Strahlung

(Dosimetrie, Strahlenschutz, Kristall- und Halbleiterphysik, Zählrohre, Elektronik)

Dornberger-Schiff, Käte: Die Deutung der Röntgendiagramme gewisser Eiweißstoffe I. Ann. Physik *5*, 14—32 (1949).

— Patterson and Fourier projections of single moleculs of haemoglobin. Acta Cryst. *2* (1949).

Hauser, Otto: Intensitätsbestimmung von Röntgenreflexen. Diplomarbeit — Berlin 1950.

Herforth, Lieselott: Zur Fluoreszenzanregung organischer Substanzen durch α-Teilchen und γ-Strahlen. Ann. Physik *7*, 312—320 (1950).

Dornberger-Schiff, Käte: Zur Kristallstruktur makromolekularer Stoffe. Habilitation — Berlin 1951.

Heide, Hans-Günter: Über die Modifikation des Lorentz-Faktors. Acta Cryst. *3* (1951).

Herforth, Lieselott und *Peter Schäfer:* Vaskularisationsmessungen an Hauttransplantaten mit dem Leuchtmassenzähler. Naturwissenschaften *38*, 505—506 (1951).

Herforth, Lieselott: Fluoreszenzmessungen an cancerogenen Substanzen bei Anregung mit UV-Licht. Arch. Geschwulstforsch. *4*, 30—44 (1952).

— Radioaktive Isotope und ihre Verwendung. Radioaktive Messungen an Hauttransplantaten mit dem Leuchtmassenzähler. Kolloquium am 23. April 1952. Dtsch. Ges.-wesen 7, 990 (1952).

Herforth, Lieselott, und *Peter Schäfer:* Bestimmung des Verlaufs der Revaskularisation von Hauttransplantaten durch radioaktive Messungen mit dem Leuchtmassenzähler. Arch. exp. Path. u. Pharmakol. *216*, 317—322 (1952).

Krumbiegel, Johannes: Lichtelektrische Messungen an ZnS-Einkristallen. Naturwissenschaften *39*, 447, (1952).

Herforth, Lieselott, und *Johannes Krumbiegel:* Einige Beobachtungen an Cadmiumsulfid-Kristallen. Naturwissenschaften *40*, 270—271 (1953).

Herford, Lieselott, Ernst Johannes Schneider, Walter Krischke und *Arnold Graffi:* Zur quantitativen Bestimmung fluoreszenzfähiger cancerogener Substanzen in tierischen Geweben. 1. Mitt.: Menge und Verweildauer fluoreszenzfähigen Benzpyrens in der Mäusehaut nach Betropfung. Arch. Geschwulstforsch. *6*, 89—100 (1953).

Herforth, Lieselott, und *Dieter Rosahl:* Zur Fluoreszenz organischer Substanzen bei Anregung mit schnellen Elektronen und Gammastrahlen unter besonderer Berücksichtigung der Konstitutionsspezifität. Ann. Physik *6*, 340—347 (1953).

Herforth, Lieselott: Fluoreszenzmessungen an cancerogenen Substanzen. Bestimmung von Menge und Verweildauer fluoreszenzfähigen Benzpyrens in der Mäusehaut nach Betropfung durch Fluoreszenzmessungen mit einer Sekundärelektronenvervielfacher-Anordnung. Kolloquium am 4. März 1953. Dtsch. Ges.wesen *8*, H. 25, 754 (1953).

Abel, Helmut: Bau von Miniaturzählrohren und Untersuchungen ihrer Arbeitsweise. Diplomarbeit — Berlin 1954.

Herforth, Lieselott, und *Johannes Krumbiegel:* Beobachtungen an Cds-Kristallen nach Untersuchungen im Mikroskop und Leitfähigkeitsmessungen. Z. Naturforsch. *9a*, 432—434 (1954).

Kölle, Hans Wolfgang: Radiumtresortisch. Patentschrift 1954.

Krumbiegel, Johannes: Untersuchungen an Zinksulfid-Kristallen. Z. Naturforsch. *9a*, 903—904 (1954).

Leistner, Manfred: Absolute Eichung radioaktiver Präparate mit dem 4-π-Zählrohr. Diplomarbeit — Berlin 1954.

— Ein 4-π-Zähler. Patentanmeldung 1954.

— Ein Kombinationszähler. Patentanmeldung 1954.

Herforth, Lieselott, und *Johannes Krumbiegel:* Über die Einwirkung von Ultraschall auf die Leitfähigkeit und Fluoreszenz von Zinksulfid- und Cadmiumsulfidkristallen. Naturwissenschaften *42*, 39 (1955).

Krumbiegel, Johannes, und *Karl Heinz Jost:* Leitfähigkeitsmessungen, spektrographische und röntgenographische Untersuchungen an ZnS-Kristallen. Z. Naturforsch. *10a*, 526 (1955).

Matschke, Siegfried: Untersuchungen über die Dosimetrie ionisierender Strahlen großer Intensität. Diplomarbeit — Potsdam 1955.

Sieland, Friedrich: Ein einfaches Strahlenwarngerät. Exp. Techn. Physik *3*, 183—186 (1955).

Drost, Helmut, und *Herbert Pupke:* Über einen erhöhten Nulleffekt an Spitzenzählern. Naturwissenschaften *43*, 418—419 (1956).

Eichhorn, Hans Jürgen, und *Siegfried Matschke:* Untersuchungen über die Dosisverteilung bei der Siebbestrahlung am Phantom und am Menschen. Strahlentherapie *99*, 536 (1956).

Herforth, Lieselott: Zur Fluoreszenzanregung organischer Substanzen durch α-Teilchen und γ-Strahlen. Ann. Physik *6*, 312—320 (1956).

Herforth, Lieselott, und *Peter Schäfer:* Über fluoreszierende Stoffe in Hauttransplantaten. Naturwissenschaften *43*, 100 (1956).

Herforth, Lieselott, und *Heinz Kriegel:* Über die Einwirkung von langwelligem UV-Licht auf die Fluoreszenz cancerogener Kohlenwassenstoffe in verschiedenen Lösungsmitteln. Probleme und Ergebnisse aus Biophysik und Strahlenbiologie, Leipzig, S. 297. 1956.

Huber, Rudolf, Siegfried Matschke, Lothar Barth und *Eduard Iglauer:* Eine neue Methode zur direkten Herddosismessung bei der Röntgen-Tiefentherapie hilusnaher Bronchialcarcinome. Strahlentherapie *99*, 79—93 (1956).

Kölle, Hans Wolfgang, Hans Jürgen Eichhorn und *Karlheinz Degenhardt:* Die Herstellung von Isodosentafeln mittels einer photographischen Methode. Probleme und Ergebnisse aus Biophysik und Strahlenbiologie, Leipzig, S. 205—227, 1956.

Matschke, Siegfried: Untersuchung über die Dosisverteilung bei der Siebbestrahlung am Phantom und am Menschen. Strahlentherapie *99*, 536 (1956).

Matschke, Siegfried und *Hans Jürgen Eichhorn:* Die Dosisverteilung bei der Siebbestrahlung im Hinblick auf Theorien über eine besondere biologische Wirkungsweise. Sonderdruck aus: Kongreßbericht über die 2. Tagung der med.-wiss. Ges. für Röntgenologie der DDR 20.—22. April 1956.

Herforth, Lieselott, und *Heinz Kriegel:* Über die Einwirkung von langwelligem UV-Licht auf die Fluoreszenz cancerogener Kohlenwasserstoffe in verschiedenen Lösungsmitteln II. Z. Naturforsch. *12b*, 41 (1957).

Huber, Rudolf, und *Siegfried Matschke:* Über die Wirkung energiereicher ionisierender Strahlung auf biologische Systeme und Maßnahmen für einen aktiven und passiven Strahlenschutz. Teil I. Dtsch. Ges.wesen *12*, 1257 (1957).

— Über die Wirkung energiereicher ionisierender Strahlung auf biologische Systeme und Maßnahmen für einen aktiven und passiven Strahlenschutz. Teil II. Dtsch. Ges.wesen *12*, 1285 (1957).

Krüger, Gerhard: Aufbau und Untersuchung eines 4-π-Methandurchflußzählers zur Bestimmung der absoluten Zerfallsrate. Diplomarbeit — Berlin 1957.

Malz, Walter, und *Rudolf Reichel:* Bearbeitung und Übersetzung von N. G. Gussev: Leitfaden für Radioaktivität und Strahlenschutz. Verl. Technik, Berlin 1957.

Matschke, Siegfried: Radiologische Dosiseinheiten — ihre physikalische Definition und ihre meßtechnische Realisierung. Tagungsbericht 1. Int. Kolloquium, Hochschule für Elektrotechnik Ilmenau, 1957.

Angerstein, Wilfried: Aufbau einer Anlage zur Erzeugung von Röntgenblitzen und Durchführung von Dosismessungen. Diplomarbeit — Berlin 1958.

Huber, Rudolf, Erhard Bender, Adalbert Rakow und *Gisela Reißig:* Wachstumshemmung verschiedener Objekte in Abhängigkeit von der Dosisleistung. Arch. Geschwulstforsch. *14*, 59—64 (1958).

Krüger, Gerhard: Aufbau einer Meßanordnung zur 4-π-Zählung radioaktiver Isotope. Exp. Techn. Physik *6*, 109—114 (1958).

— Verwendung von VYNS-Folien im 4-π-Durchflußzähler. Exp. Techn. Physik *6*, 114 bis 119 (1958).

Negelein, Rudolf: Monostabile Kippschaltung für Zeitgeber. DDR-Patent v. 10. Januar 1958/AZ WP 21 G/52 706 DBR.

Rakow, Adalbert: Bearbeitung und Anmerkung zu Ardasnikov, S. N. und N. S. Cetverikov: Zur Frage der Definition des Röntgen. Kernenergie *1*, 866—872 (1958).

Angerstein, Wilfried: Röntgenblitzrohr als Quelle ultrahoher Dosisleistung. Fortschr. Gebiete Röntgenstrahlen *90*, H. 5, 630—636 (1959).

-- Über die Dosismengen an Röntgenblitzen. Kolloquium am 22. Mai 1959. Dtsch. Ges.-wesen *14*, H. 46, 2137 (1959).

David, Ingbert: Über die Verwendbarkeit von Szintillationszählern zur Ausmessung von Debye-Scherrer-Interferenzen. Diplomarbeit — Berlin 1959.

Kahrig, Erwin: Aufbau und Erprobung eines Szintillations-γ-Spektrometers mit einem schnellen Einkanal-Diskriminator. Diplomarbeit — Berlin 1959.

Krüger, Gerhard: Aufbau einer Meßanordnung zur 4-π-Zählung. Kolloquium am 9. Oktober 1957 Berlin-Buch. Dtsch. Ges.wesen *14*, 134 (1959).

Krumbiegel, Johannes: Zur Dosismessung von Röntgen- und Gammastrahlen mit einem Leuchtstoffdosimeter. Kolloquium am 22. Mai 1959. Dtsch Ges.wesen *14*, 2137 (1959).

Rakow, Adalbert: Ein Tresor für die medizinische Radiumapplikation. Strahlentherapie *108*, 478—485 (1959).

— Zur Anwendung der Äquidensitometrie in der Radiologie. Vortrag Budapest. Dtsch. Ges.wesen *14*, H. 9, 382—386 (1959).

— Strahlenschutzmaßnahmen bei der Pflege von Patienten mit Radium- und Kobalteinlagen. Strahlentherapie *110*, 301—307 (1959).

— Zum Strahlenschutz bei der medizinischen Radiumapplikation. Kolloquium am 27. Februar 1959. Dtsch. Ges.wesen *14*, H. 39, 1832 (1959).

— Über die gegenwärtige Situation des Strahlenschutzes bei der medizinischen Radiumapplikation in den Kliniken in der DDR. 8 Exemplare Denkschrift, Berlin 1959.

— Az äquidensitometria alkamazàsa a radiologiaban. Magyar Onkologia November 1959.

Abel, Helmut Siegfried Matschke und *Adalbert Rakow:* Kritische Bemerkungen zu den Dosiseinheiten. Probleme und Ergebnisse aus Biophysik und Strahlenbiologie II, Berlin, S. 99—103, 1960.

Angerstein, Wilfried: Zur Dosismessung an Röntgenblitzen. Probleme und Ergebnisse aus Biophysik und Strahlenbiologie II, Berlin, S. 109—115, 1960.

Krumbiegel, Johannes: Zur Dosismessung an Röntgengeräten und Kobaltquellen mittels eines Leuchtstoffdosimeters. Arbeitstagung Biophysik Oberhof 1958. Probleme und Ergebnisse aus Biophysik und Strahlenbiologie II, Berlin, S. 104—108, 1960.

Rakow, Adalbert: Die Leistungsfähigkeit eines bequemen photographischen Verfahrens zur Darstellung von Isodosen. Probleme und Ergebnisse aus Biophysik und Strahlenbiologie II, Berlin, S. 121—127, 1960.

— Ein Verfahren zur leichteren Auswertung von Graukeilspektrogrammen. Atomkernenergie *5*, 91—92 (1960).

— Zum Strahlenschutz bei der medizinischen Radiumapplikation. Probleme und Ergebnisse aus Biophysik und Strahlenbiologie II, Berlin, S. 74—77, 1960.

Rakow, Adalbert: Die neuesten Empfehlungen der internationalen Kommission für Strahlenschutz und deren Bedeutung für die radiologische Praxis. Dtsch. Ges.wesen *15*, 192—199 (1960).

Rakow, Adalbert, und *Hansgeorg Grün:* Modernisierung des Strahlenschutzes bei der medizinischen Radiumapplikation I, II. Dtsch. Ges.wesen *15*, 1070—1075 u. 1113 bis 1121 (1960).

Rakow, Adalbert: Die Pflege von Radiumpräparaten. Vortrag, IV. Kongreß der Med. Wiss. Ges. DDR Leipzig 1959. Radiologie Radiotherapie *1*, 310—317 (1960).

— Übersetzung (russisch) und Bearbeitung der „Empfehlungen der Internationalen Kommision für Strahlenschutz" (ang. 9. 9. 58) und Bericht über die Beschlüsse der Internationalen Kommision für Strahlenschutz (ICRP) auf der Sitzung 1959. Kernenergie *3*, Beilage B. 1—22 (1960).

Ruckpaul, Klaus, und *Johannes Krumbiegel:* Differenzen der optischen Drehung bei Hämoglobin-Verbindungen verschiedener Spezies. Naturwissenschaften *47*, H. 21, 495—496 (1960).

Zeschke, Gerhard: Untersuchung der Energieabsorption organischen Gewebes mit dem 4-π-Methanddurchflußzähler (Proportionalzähler) im Rahmen der Methode der Mikroautoradiographie. Diplomarbeit — Berlin 1960.

Rakow, Adalbert, und *Helmut Ernst:* Isoimpulsdichtelinien beim Photoscanning. Strahlentherapie *114*, 629—637 (1961).

Rakow, Adalbert: Strahlenschutz. Empfehlung der Internationalen Kommission für Strahlenschutz. Bericht des Komitees II über die zulässige Dosis bei einer Bestrahlung von innen (1959). Übersetzung (engl.) und Bearbeitung. Kernenergie *4*, H. 7, B 23—B 48 (1961).

— Isodosenkurven bei ^{60}Co Bewegungsbestrahlung mit einer billigen fotografischen Methode. Minerva Fisioterapica e Radiobiologica *6*, H. 3, 137 (1961).

Rakow, Adalbert, Wilfried Angerstein, Wolfgang Krug und *Bruno Kankelwitz:* Über Detailerkennbarkeit bei farbigen Röntgenaufnahmen. Magyar Radiologica *13*, 212 (1961).

Richter, Jürgen: Aufbau einer Standardmeßanlage zur Darstellung der Dosiseinheit der Röntgenstrahlen zwischen 50 und 200 kV Erzeugungsspannung. Diplomarbeit — Berlin 1961.

Will, Wolfram: Aufbau einer Standardmeßanlage zur absoluten Darstellung des „Röntgen" im Bereich der Erzeugungsspannung der Röntgenstrahlen von 3 bis 30 kV. Diplomarbeit — Berlin 1961.

Spezielle physikalische Aufgaben

(Hochspannung, Elektronenspinresonanz. Plasma, negative Ionen, Ultraschall)

Schütte, Fritz Joachim: Über ein Verfahren zur Messung der Absorptionskoeffizienten für Ultraschallwellen in flüssigen und festen Stoffen. Diplomarbeit — Potsdam 1950.

Schumacher, Werner: Ultraschallversuche an Schimmelpilzsporen. Dtsch. Ges.wesen *6,* 1449 (1951).

— Ultraschall und seine Anwendung in der Medizin. Wiss. Ann. *1,* 147—160 (1952).

Kölle, Hans Wolfgang: Photographische Methode zur Ultraschallfelddarstellung. Exp. Techn. Physik *1,* H. 3, 97—105 (1953).

— Der heutige Stand der Ultraschalldosimetrie. Ultraschall Medizin und Grenzgebiete *6,* H. 3/4 (1953).

— Zur Bedeutung des Ultraschalls in der Geschwulstforschung. Arch. Geschwulstforsch. *6,* 197—208 (1954).

— Die Sprudelbildung von Wasser unter dem gleichzeitigen Einfluß von Ultraschall und Unterdruck. Sonderheft Strahlenforschung 1954.

— Photographische Methode zur Ultraschallfelddarstellung. Arbeitstagung Biophysik Greifswald 1952, S. 95, Dtsch. Verl. Wiss., Berlin, 1954.

Markgraf, Heinz: Bestimmung der Schallgeschwindigkeit im entgasten Wasser. Diplomarbeit — Berlin 1954.

Winter, Herbert: Ein neues Hilfsgerät zur mikroskopischen Untersuchung von biologischen und chemischen Vorgängen im Ultraschallfeld. Arch. physik. Therapie *6,* H. 6, 433—441 (1954).

— Hilfsgerät zur mikroskopischen Untersuchung von biologischen und chemischen Vorgängen im Ultraschallfeld. Patentanmeldung 1954.

Pupke, Herbert: Physik der Gasentladung. Kolloquium am 20. 10. 1954 Berlin-Buch. Dtsch. Ges.wesen *10,* 19, 689 (1955).

Winter, Herbert: Eine Einführung in die Methodik der experimentellen Ultraschalltechnik für Biologen und Mediziner. Dtsch. Ges.wesen *10,* H. 8, 287—292 (1955).

— Gerät zur mikroskopischen Sichtbarmachung von im Ultraschallfeld sich abspielenden Vorgängen. DDR Patentschr. Nr. 8947 WP 42 h/24655 42s (1955).

— Akustische Schwingungen als Orientierungsfaktor im Tierreich. Wiss. Ann. *4,* 34 bis 40 (1955).

Drost, Helmut, und *Herbert Pupke:* Ein Beitrag zur Deutung der kalten Elektronenemission. Exp. Techn. Physik *4,* 272—275 (1956).

Pupke, Herbert, und *Hans-Günther Thom:* Die Rotation der Plasmoide im Magnetfeld. Naturwissenschaften *43,* 32 (1956).

Pupke, Herbert: Zur Deutung der anomalen Rotation des Lichtbogens. Naturwissenschaften *43,* 222 (1956).

Schneiderreit, Rudolf: Moderne Hochvakuummessung. Kolloquium am 21. Dezember 1955. Dtsch. Ges.wesen 11, H. 3, 1477 (1956).

Schwarz, Karl: Vergleichende Ultraschall-Intensitätsmessungen mit dem PTB-Gerät. Probleme und Ergebnisse aus Biophysik und Strahlenbiologie, Leipzig, S. 425—438, 1956.

Winter, Herbert, und *Peter Schäfer:* Beitrag zur Beeinflussung der Hautverpflanzung durch Ultraschall. Ultraschall *9*, 153 (1956).

Markgraf, Heinz: Messung der Schallgeschwindigkeit in doppeltdestilliertem Wasser bei verschiedenem Gasgehalt und bei verschiedener Temperatur. Hochfrequenztechnik u. Elektroakustik *65*, 169 (1957).

Schoffa, Georg, Bozkourt Wahler und *Hans-Günther Thom:* Die paramagnetische Resonanz einiger freier Radikale, I. Acta biol. med. germ. *1*, 1 (1957).

Thom, Hans-Günther: Untersuchungen über die elektrodenlose Hochfrequenzentladung in Edelgasen. Dissertation — Greifswald 1957.

— Mikrowellenspektroskopie der paramagnetischen Elektronenresonanz. Kolloquium am 31. Oktober 1956. Dtsch. Ges.wesen *12*, 698—699 (1957).

Belitz, Hans Joachim: Untersuchung der Möglichkeit einer Magnetfeldstabilisierung mittels paramagenetischer Kernresonanzen für Zwecke der Massenspektroskopie. Diplomarbeit — Berlin 1958.

Drost, Helmut: Die kalte Elektronenemission nach aktivierender Glimmentladung. Exp. Techn. Physik *6*, 258—271 (1958).

Herforth, Lieselott, und *Herbert Winter:* Ultraschall. B. G. Teubner, Verl. Ges. Leipzig 1958.

Preusche, Wolfgang, und *Herbert Winter:* Der Einfluß des Ultraschalls auf kontrahierende embryonale Herzgewebe in vitro. Dtsch. Ges.wesen *13*, H. 33, 1026—1029 (1958).

Schneiderreit, Rudolf: Gerät zur Messung des Druckes in luftverdünnten Räumen. DDR WP 42 k/58122/37194. Zusatzpatent, angemeldet 29. November 1958.

Schoffa, Georg, Bozkourt Wahler und *Hans-Günther Thom:* Die paramagnetische Resonanz einiger freier Radikale aus der Gruppe der Diarylstickstoffoxyde. Acta biol. med. germ. *1*, 114—116 (1958).

Thom, Hans-Günther, Bozkourt Wahler und *Georg Schoffa:* Paramagnetische Resonanz freier Radikale. I. Mitt.: Diarylstickstoff-Radikale. Z. Naturforsch. *13a*, 522—556 (1958).

Wahler, Bozkourt, und *Hans-Günther Thom:* De l'influence de forces intermoléculaires sur l'absorption de résonance paramagnétique des radicaux libres organiques. Arch. des Sci. *11*, 166—169 (1958).

Biener, Wolfgang: Die 1,5 MeV-Hochspannungsanlage im DAW-Institut Berlin-Buch. Dtsch. Ges.wesen *14*, 134 (1959).

Nicolau, Claude, Hans-Günther Thom und *Edith Pobitschka:* Electron spin resonance investigations of some supperted hydrogenation-dehydrogenation catalysts. Trans. Faraday Soc. *55*, 1430 (1959).

Pupke, Herbert, und *Gustav Wauschkun:* Exo-Elektronenemission nach Polwechsel im Zählrohr. Exp. Techn. Physik 7, H. 3, 142—144 (1959).

Schneiderreit, Rudolf: Gerät zur Messung des Druckes in luftverdünnten Räumen. DDR WP 42 k/37194 angemeldet 11. 6. 1955 Nr. 16427. Ausgabe 16. 6. 1959.

Wahler, Bozkourt, Georg Schoffa und *Hans Günther Thom:* (Elektronenresonanzspektroskopie am Hämoglobin) Nachweis von Radikal-Zwischenstufen bei der Hämoglobinoxydation nach Einwirkung aromatischer Hydrooxylamine. Arch. exp. Path. Pharmakol. *236,* H. 1, 20—22 (1959).

Behlke, Hans, und *Herbert Pupke:* Experimentelle Bestimmung der Relaxationslänge im Plasma. Mber dtsch. Akad. Wiss. Berlin *2,* 287—289 (1960).

— Experimentelle Bestimmung der Relaxationsstrecke im Plasma. Physik. Verh. *11,* H. 1—3, 23—24 (1960).

Brucker, Wolfgang, und *Claude Nicolau:* Elektronenspinresonanz-Messungen bei der Photosynthese grüner Pflanzen. Naturwissenschaften *47,* 89—90 (1960).

Drost, Helmut: Entwicklung und Untersuchung einer Plasmaquelle für negative Ionen. Dissertation — Greifswald 1960.

Drost, Helmut, Ulrich Timm, Herbert Pupke und *Hans Behlke:* Über eine neue Methode zur Erhöhung der Intensität an negativen Ionen in einer Sauerstoff-Glimmentladung. Physik. Verh. *11,* 23 (1960).

Drost, Helmut, Ulrich Timm und *Herbert Pupke:* Zwei Formen der geschichteten Niederdruck-Entladung in Sauerstoff. Physik. Verh. *11,* 153 (1960).

Haberditzel, Werner, und *Claude Nicolau:* Zum magnetischen Verhalten von Platin-Trägerkatalysatoren. Naturwissenschaften *47,* 251—252 (1960).

Khalil, Shukril, und *Hans-Günther Thom:* Elektronenresonanz-Untersuchungen zum Mechanismus der Photosynthese. Flora *149,* 323—326 (1960).

Nicolau, Claude, und *Hans-Günther Thom:* ESR-Untersuchungen an katalytisch-aktiven Stoffen. Hochfrequenz-Spektroskopie. Akademie-Verlag Berlin, S. 162—165, 1960.

Nicolau, Claude: Brunauer-Emmet-Teller (BET). Oberflächen und morphologische Untersuchungen von Platin-Kohle-Katalysatoren. Z. anorg. allg. Chem. *303,* H. 3/4, 127—132 (1960).

Nicolau, Claude, und *Hans-Günther Thom:* Untersuchungen über die Elektronenspinresonanz und den elektrischen Widerstand von Platin-Kohle-Katalysatoren. Z. anorg. allg. Chem. 303, H. 3/4, 133—140 (1960).

Nicolau, Claude: ESR-Untersuchungen an katalytisch-aktiven Stoffen Dissertation — Berlin 1960.

— Magnetische Untersuchungen in der Katalyse. Bukarest, Techn. Verl. 1960.

Rösiger, Dankwart: Spektrale Untersuchungen der Sonolumineszenz. Diplomarbeit — Berlin 1960.

Schneiderreit, Rudolf: Über ein Vakuummeßgerät zur Erfassung des Druckbereiches von Normaldruck bis ins Hochvakuum in einem Meßbereich bei ständiger Anzeige. Vakuumtechn. *9,* H. 3, 128—130 (1960).

Schröder, Ellinor, Hans-Günther Thom, Claude Nicolau und *Rudolf Huber:* Elektronenresonanz-Untersuchungen über die Reaktion einiger Strahlenschutzstoffe mit freien Radikalen. Strahlenterapie *112,* H. 3, 457—461 (1960).

Thom, Hans-Günther, und *Bozkourt Wahler:* Zur Bildung freier Radikale carcinogener Kohlenwasserstoffe durch Ein-Elektron-Transfer. Probleme und Ergebnisse aus Biophysik und Strahlenbiologie II, Berlin, S. 213—215, 1960.

Jäger, Joachim, und *Günther Wallis:* Die Berechnung von Energieverteilungen relativistischer Elektronen aus ihrer Synchrotronstrahlung. Anwendungen auf den Krebsnebel. Plasmaphysik *1,* 44—63 (1961).

Thom, Hans-Günther, und *Claude Nicolau:* EPR-Untersuchungen an Elektronen-Donator-Akzeptor-Systemen. Hochfrequenzen-Spektroskopie. Akademie-Verlag Berlin, S. 157—161, 1961.

Klinische und experimentelle Tumorforschung

Parchwitz, Heinz, und *Hans Gummel:* Geschwulstkrankheiten in „Grundlagen der Medizin für Heilberufe, Lehrbuch der Krankenpflege", 1. Aufl. Verl. Volk und Gesundheit, Berlin 1953.

Parchwitz, Heinz: Erscheinungen eines Dickdarmileus durch Magenkarzinom. Fortschr. Gebiete Röntgenstrahlen *78,* 487—488 (1953).

Heine, Ursula, Heinz Parchwitz und *Arnold Graffi:* Vergleichende Untersuchungen an explantierter Haut verschiedener Säugetiere nach Behandlung mit cancerogenen Kohlenwasserstoffen. Arch. Geschwultsforsch. *6,* H. 2 (1953).

Hoffmann, Maria, und *Siegfried Matschke:* Dritte Mitteilung zur Frage einer indirekten Wirkung der Röntgenstrahlen auf das Walkerkarzinom der Ratte. Strahlentherapie 97, 594—598 (1955).

Huber, Rudolf, Siegfried Matschke und *Karlheinz Degenhardt:* Physikalische, technische und biologische Gesichtspunkte zur Behandlung tiefliegender Geschwülste mit Hochvolt- und ultraharter Röntgenstrahlung. Wiss. Z. Hochschule für Elektrotechnik Ilmenau *2,* 67—76 (1956).

Kallenbach, Hans, und *Walter Malz:* Über den Einfluß der Epiphyse auf das Wachstum transplantabler Impftumoren. Endokrinologie *34,* 293 (1957).

Eschbach, Walter, und *Wolfgang Brucker:* Beobachtung zur Genese und Klinik des Carcinoma colli uteri. Dtsch. Ges.wesen *14,* 2186—2191 (1959).

— Zur Induktion gesteigert atypischen Portioepithels nach Injektion eines zellfreien Filtrates aus der gleichen Gewebsart und seines bindegewebigen Grundstockes. Z. Geburtshilfe Gynäkol. *155,* 179—182 (1960).

— Betrachtungen zur Genese und Klinik des Carcinoma colli uteri II. Dtsch. Ges.wesen *15,* H 24, 1243—1247 (1960).

— Zur zellfreien autologen Übertragung von Carcinoma colli uteri in statu nascendi. Naturwissenschaften *47,* 165—166 (1960).

Pflanzenstoffwechsel und Pflanzentumore

Parchwitz, Heinz: Die Bedeutung der Pflanzentumoren im Hinblick auf die allgemeine Geschwulstforschung. Wiss. Ann. *2*, 123—137 (1953).

— Untersuchungen über Pflanzentumoren. 1. Mitt.: Vergleichende fluoreszenzmikroskopische Untersuchungen über das pathologische Wachstum an der Pflanze. Arch. Geschwulstforsch. 7, 1 (1954).

— Untersuchungen an Pflanzentumoren. 2. Mitt.: Über den Einfluß der Wirtspflanze auf die Wuchsform des Pflanzentumors. Arch. Geschwulstforsch. 7, 15 (1954).

Parchwitz, Heinz, Arnold Graffi und *Ernst Johannes Schneider:* Untersuchungen über Pflanzentumoren. 3. Mitt.: Cytochrom- und Brenzkatechinoxydaseaktivität in pflanzlichen Geschwülsten und Normalgewebe. Arch. Geschwulstforsch. 7, 23 (1954).

— Untersuchungen über Pflanzentumoren. 4. Mitt.: Zur Frage der Stärkebildung in normalen Assimilationsorganen und Tumororganoiden von *Datura metel.* Arch. Geschwulstforsch. 7, 28 (1954).

Parchwitz, Heinz, und *Waltraut Gang:* Vergleichende und statistische Analyse präformierter Zellbestandteile von Assimilationsorganen normaler und pathologischer Pflanzengewebe. Arch. Geschwulstforsch. *6*, 143 (1954).

Brucker, Wolfgang: Zur Bildung von Tumoren an Meeresalgen. Arch. Geschwulstforsch. *14*, 10 (1958).

Brucker, Wolfgang, und *Ursula Drehmann:* Zur Phenolcarbonsäurebildung von *Phycomyces* aus ^{14}C-markierten Substraten. Arch. Mikrobiol. *30*, 396—408 (1958).

Brucker, Wolfgang, und Wolfgang Urbach: Zum Kohlensäure-Fließgewicht beim Gaswechsel grüner Pflanzen. Ber. dtsch. bot. Ges. *71*, 321—336 (1958).

Gladtke, Erich, und *Wolfgang Brucker:* Über die Ansäuerung der Nährflüssigkeit durch *Phycomyces blakesleeanus.* Arch. Mikrobiol. *29*, 53—64 (1958).

Bender, Erhard: Studien zur zellfreien Tumorerzeugung an Pflanzen. Dissertation — Berlin 1958.

Bender, Erhard, und *Wolfgang Brucker:* Studien zur zellfreien Tumorerzeugung an Pflanzen II. Z. Botanik *46*, 121—124 (1958).

— Weitere Versuche zur zellfreien Tumorerzeugung an Pflanzen III. Z. Botanik *47*, 258 (1959).

Bender, Erhard: Studium zur zellfreien Tumorerzeugung an Pflanzen. Kolloquium am 30. Januar 1959. Dtsch. Ges.wesen *14*, H. 39, 1831 (1959).

Brucker, Wolfgang, und *Kurt Schmidt:* Zum Zuckerstoffwechsel des Kallus- und crown-gall-Gewebes von *Datura* und *Daucus.* Ber. dtsch. bot. Ges. *72*, 321—332 (1959).

Brucker, Wolfgang: Zur Kultur von pflanzlichem Normal- und Tumorgewebe in vitro. Kolloquium am 12. Dezember 1958. Dtsch. Ges.wesen *14*, 1830 (1959).

Schmidt, Kurt, und *Wolfgang Brucker:* Zum Wachstum des crown-gall-Gewebes von *Datura innoxia* Mill in vitro. Flora *147*, 243—262 (1959).

— Zur Kultur und Histologie des Stengelgewebes von *Datura innoxia* in vitro. Flora *147*, 133—155 (1959).

Harhash, Abdel Wahab, und *Wolfgang Brucker:* Phosphorus metabolism of Callus and Crown-gall-tissue of Carrot-roots (in vitro) and Tomato-stems (in vivo). Acta biol. med. germ. *4*, 343—357 (1960).

Håshem, Mohamed: Zur Biogenese von Shikinisäure und ihre Rolle bei der Phenolbildung durch *Phycomyces*. Dissertation — Berlin 1960.

Khalil. Shukril, und *Helmut Waldner:* Absorption of P^{32} by plants under different conditions of temperature and illumination. Acta biol. med. germ. *5*, 346—354 (1960).

Künzenbach, Ragna: Untersuchung über die Atmung des Blasentangs *(Sucus vesiculosis* L*)* unter Berücksichtigung seiner Standortformen. Dissertation — Potsdam 1959.

Künzenbach, Ragna, und *Wolfgang Brucker:* Zur Teratombildung aus crown-gall-Tumoren verschiedener Pflanzen. Arch. Geschwulstforsch. *17*, H 1, 16—22 (1960).

— Zur Bildung von „Tumoren" an Meeresalgen II. Ber. dtsch. bot Ges. *73*, 8 (1960).

Huber, Rudolf, Wolfgang Brucker und *Ellinor Schröder:* Zur Wirkung von Dehydroascorbinsäure auf die Überlebenszeit von röntgenbestrahlten Mäusen und den Stoffwechsel von *Phycomyces*. Acta biol. med. germ. *4*, 525—534 (1960).

Huber, Rudolf, Abdel Wahab Harhash und *Wolfgang Brucker:* Zur Wirkung von Röntgenstrahlen und verschiedenen radioprotektiven Substanzen auf den Pilz *Phycomyces*. Acta biol. med. germ. *5*, 145—152 (1960).

Brucker, Wolfgang: Date noi asupra genezei tumorilor plantelor. Studii si cercetari de inframicrobiologie. XII, H. 1, 19—27 (1961).

Verschiedenes

Kölle, Hans Wolfgang: Verfahren der Temperaturmessung. Feingerätetechn. *1*, 312 (1952).

Herforth, Lieselott, und *Gerhard Thur:* Ein Hautzerkleinerungsgerät als Heilmittel bei biologischen Arbeiten. Biol. Zbl. *72*, 270—276 (1953).

Herforth, Lieselott: Künstlich radioaktive Isotope und ihre Verwendung. Wiss. Ann. *2*, 237—253 (1953).

Parchwitz, Heinz: Möglichkeiten und Grenzen einer Hochvolttherapie. Arch. physikal. Therapie. H. 1 (1953).

Kölle, Hans-Wolfgang: Elektrisches Verfahren zur Herstellung von Lichtbildern. Patentschrift 1954.

Winter, Herbert: Verfahren und Vorrichtung zur Ermittlung der von Wassertieren bevorzugten Wassertemperatur. Patentanmeldung 1954.

Pupke, Herbert: Isotope und ihre Verwendung in der Technik. Wiss. Fortschr., Atom-Sonderheft S. 20 (1955).

Matschke, Siegfried: Einige Gedanken über Hochvolttherapie, Bewegungsbestrahlung und Herddosisverhältnisse. Sonderband Röntgenologenkongreß Leipzig 1955.

Pupke, Herbert: Radioaktive Isotope, Herausgegeben von der Zentralen Sektion für Physik. Ges. zur Verbreitung wiss. Kenntnisse, Berlin 1955.

— Lichtenberg, G. Ch.: Über eine neue Methode, die Natur und die Bewegung der elektrischen Materie zu erforschen. Herausgeber in Ostwald's Klassiker der Exakten Naturwissenschaften Nr. 246, Akadem. Verlagsges. Leipzig 1956.

Winter, Herbert: Die Rolle des Wärmefaktors im Tierreich und ein neues Hilfsgerät zu seiner Messung. Wiss. Ann. *5*, 202—210 (1956).

Huber, Rudolf, Siegfried Matschke, Wilhelm Schmidt und *Horst Georg Müller:* Über maßgebliche Gründe zur Entwicklung einer Röntgen-Tiefentherapie-Anlage mit 220 kV und 50 mA bei kontinuierlich-konstanter Gleichspannung. Probleme und Ergebnisse aus Biophysik und Strahlenbiologie, Leipzig, S. 56—67, 1956.

Rakow, Adalbert: Übersetzung (russisch) u. Bearbeitung. G. R. Rieck: Einführung in die Massenspektroskopie. Dtsch. Verl. Wiss. Berlin, S. 289, 1956.

Schneiderreit, Rudolf: Gedanken zu den Versuchen, die Quantennatur des sichtbaren Lichtes direkt nachzuweisen. Naturwissenschaften *44*, 58 (1957).

— Magnetische und elektromagnetische Lagerung einer rotierenden Achse. DDR-Patent 15180 v. 5. 8. 1958.

Graffi, Arnold, und *Herbert Pupke:* Herrn Präsident Prof. Dr. Dr. h. c. Walter Friedrich zum 75. Geburtstag. Vorwort. Arch. Geschwulstforsch. *14*, (1958).

Pupke, Herbert: Physik und Weltanschauung. Mitt. Ges. Verbreitung wiss. Kenntnisse *5*, H. 4, 8—9 (1958).

— Der Aufbau der Atomhülle. Wiss. Leben *3*, 8 (1959).

Drost, Helmut, und *Herbert Pupke:* Über die natürliche Radioaktivität einiger Gläser. Exp. Techn. Physik *7*, 20—25 (1959).

Nicolai, Eberhard: Aufbau und Erprobung einer Diffusionsnebelkammer, Diplomarbeit Berlin 1959.

Schneiderreit, Rudolf: Eine mögliche Verallgemeinerung der fibonaccischen Zahlen. Elemente Math. *XV*, H. 4, 82—84 (1960).

Lange, Fritz, und *Rolf Wetzel:* Magnetooptisches Mikroskop (Magnetmikroskop). Patent DDR eingereicht: I/61 WP 42 h/65846, 9. 2. 1960. Patentanmeldung DBR D 32 573 IX/42 h.

INSTITUT FÜR ANGEWANDTE ISOTOPENFORSCHUNG

Strahlenbiologie (einschließlich spezieller biochemischer Untersuchungen)

Dosimetrie und andere physikalische Meßmethoden

Organisch-chemische Arbeiten

Strahlenchemie

Anorganische und allgemeine Chemie

Analytische Arbeitsmethoden

Allgemeine, chemische und technische Anwendung von Radionukliden

Strahlenbiologie

(einschließlich spezieller biochemischer Untersuchungen)

Stoffwechsel von Radionukliden

Spode, Ernst, und *Friedrich Gensicke:* Zur Frage der Verteilung von Radioyttrium (Y^{91}) im tierischen Organismus. Naturwissenschaften *44*, 118 (1957).

Spode, Ernst: Über die Verteilung von Radioyttrium und radioaktiven Seltenen Erden im Säugerorganismus. I. Verteilungsversuche mit trägerfreiem Radioyttrium (Y^{91}) an Meerschweinchen. Z. Naturforsch. *13b*, 286 (1958).

— Über die Verteilung von Radioyttrium und Seltenen Erden im Organismus bei unterschiedlicher Applikationsart. Vortrag, III. Internationales Symposium „Radioaktive Isotope in Klinik und Forschung", Bad Gastein, Januar 1958. (Vorläufige Mitteilung:) Radioaktive Isotope in Klinik und Forschung, Sonderbände Strahlentherapie *38*, 359 (1958).

Spode, Ernst, und *Werner Burk:* Experimentelle Untersuchungen über das Verhalten verschiedenartiger radioaktiver Goldsole im Organismus. Strahlentherapie *105*, 524 (1958).

Spode, Ernst, und *Friedrich Gensicke:* Zur Frage der Verteilung von trägerfreiem Radiolanthan (La^{140}) im Mäuseorganismus. Naturwissenschaften *45*, 135 (1958).

— Über das Verteilungsmuster von Radio-Cer (Ce^{144}) im Organismus der weißen Maus. Naturwissenschaften *45*, 117 (1958).

Spode, Ernst, Friedrich Gensicke und *Roland Glaser:* Zur Frage der Verteilung von Radiolutetium im Organismus der Maus bei unterschiedlicher Applikationsart. Experientia *14*, 456 (1958).

— Untersuchungen über das Verhalten von Radioholmium (Ho^{166}) im Organismus der weißen Maus. Strahlentherapie *108*, 97 (1959).

Gensicke, Friedrich: Über das Verhalten inkorporierter Radionuklide im Säugerorganismus unter besonderer Berücksichtigung von Radiowismut (Bi^{210} = RaE). Dissertation — Greifswald 1959.

— Zum Problem der Anreicherung von Radiowismut (Bi^{210} = RaE) in malignen Tumoren. Vortrag, 4. Arbeitstagung Biophysik, Oberhof, 13.—15. Oktober 1958: Probleme und Ergebnisse aus Biophysik und Strahlenbiologie II, Akademie-Verlag, Berlin 1960, S. 60.

Spode, Ernst: Zur Frage des Verhaltens von Radioisotopen im Säugerorganismus. Vortrag, 4. Arbeitstagung Biophysik, Oberhof, 13.—15. Oktober 1958: Probleme und Ergebnisse aus Biophysik und Strahlenbiologie II, Akademie-Verlag, Berlin 1960, S. 46.

Gensicke, Friedrich: Zum Problem des Stoffwechsels von Radionukliden im Säugerorganismus. Vortrag, Symposium über spezielle Fragen der Strahlenhygiene, Berlin, November 1960.

Spode, Ernst, und Friedrich Gensicke: Zur Frage des Stoffwechsels von Radioruthenium in der weißen Maus. I. Verteilung und Ausscheidung von trägerfreiem Ru^{106} bei unterschiedlicher Applikationsart. Strahlentherapie *111*, 266 (1960).

— Zur Frage des Stoffwechsels von Radioruthenium in der weißen Maus. II. Der Einfluß von Gewichtsdosis, pH-Wert und einigen Dekorporationsmitteln. Strahlentherapie *111*, 476 (1960).

Spode, Ernst: Über den Stoffwechsel von Radioquecksilber (Hg^{203}) im Organismus der weißen Maus unter Berücksichtigung von Dekorporationsmaßnahmen. Z. ges. inn. med. Grenzgebiete. *15*, 603 (1960).

Spode, Ernst, und *Friedrich Gensicke:* Über den Stoffwechsel von Radiosamarium (Sm^{153}) in der weißen Maus. Naturwissenschaften *47*, 542 (1960).

Gensicke, Friedrich: Über den Stoffwechsel von Radionukliden. Vortrag, Fortbildungslehrgang für Strahlenbiologie an der Akademie für Ärztliche Fortbildung, Berlin-Lichtenberg, Mai 1961.

Gensicke, Friedrich, und *Ernst Spode:* Über die Verteilung von Radioyttrium und radioaktiven Seltenen Erden im Säugerorganismus. II. Die Verteilung von trägerfreiem Radioyttrium (Y^{90} und Y^{91}) im Organismus der weißen Maus und des Meerschweinchens sowie der Einfluß inaktiven isotopischen Trägermaterials auf das Verteilungsmuster. Z. Naturforsch. *16b*, 170 (1961).

Strahlenwirkungen inkorporierter Radionuklide (Radiointoxikation)

Spode, Ernst, und *Gottfried Schneider:* Hämatologische Untersuchungen nach der Inkorporation verschiedener Radioisotope in höheren Dosen beim Meerschweinchen. Naturwissenschaften *46*, 430 (1959).

Spode, Ernst: Zur Frage einer Therapie der Radiointoxikation. Vortrag, Symposium über spezielle Fragen der Strahlenhygiene, Berlin, November 1960.

— Grundlagen der biologischen Strahlenwirkung. Vortrag, Fortbildungslehrgänge der Wissenschaftlichen Gesellschaft für Veterinärmedizin, Sellin/Rügen, Oktober/November 1960; März/April 1961.

— Therapie der Radiointoxikation. Vortrag, Fortbildungslehrgang für Strahlenbiologie, Akademie für Ärztliche Fortbildung, Berlin-Lichtenberg, Mai 1961.

— Zur Frage einer Therapie der Radiointoxikation. Dtsch. Ges.wesen *16*, 32, 1469 bis 1474 (1961).

Anwendung von Radioisotopen in Diagnostik und Therapie

Ernst, Helmut, Eduard Iglauer, Helmut Kronschwitz und *Ernst Spode:* Tierexperimentelle Untersuchungen zur Frage der Therapie von Lungentumoren mit Hilfe radioaktiver Gold-Kohle-Suspensionen. Strahlentherapie *107,* 382 (1958).

Spode, Ernst: Experimenteller Beitrag zur Frage einer interstitiellen Bestrahlungstherapie mit offenen radioaktiven Präparaten. Strahlentherapie *108,* 296 (1959).

— Radioaktive Isotope in Diagnostik und Therapie. Vortrag, Fortbildungslehrgänge der Wissenschaftlichen Gesellschaft für Veterinärmedizin, Sellin/Rügen, Oktober/November 1960; März/April 1961.

Spode, Ernst und *Ullrich Prösch:* Herstellung und Eigenschaften radioaktiver Gold-Kohle-Suspensionen für therapeutische Zwecke. Strahlentherapie *114,* 113 (1961).

Radioaktive Kontamination der Biosphäre und fall-out

Spode, Ernst: Über die Möglichkeit einer Verbreitung radioaktiver Spaltprodukte durch Kernwaffenversuche. Die Technik *12,* 696 (1957).

Glaser, Roland: Über die Aufnahme von Radioyttrium (Y^{91}) in einzelligen Algen. Vortrag, 4. Arbeitstagung Biophysik 13.—15. Oktober 1958, Oberhof, Probleme und Ergebnisse aus Biophysik und Strahlenbiologie II, S. 54, Akademie-Verl. Berlin 1960.

— Über die radioaktive Kontamination von Wasserorganismen. Vortrag, Symposium über spezielle Fragen der Strahlenhygiene, Berlin November 1960.

— Zur Frage der Anreicherung von Radiojod (J^{131}) in der Muschel *Dreissensia polymorpha* Pall. Naturwissenschaften *47,* 284 (1960).

— Über die Aufnahme von Radiojod (J^{131}) aus wäßriger Lösung durch die Muschel *Dreissensia polymorpha* Pall. Dissertation — Jena 1961.

Biologische und chemische Wirkungen optischer Strahlung

Spode, Ernst: Versuche zur pharmakologischen Beeinflussung der Blutbildreaktion nach UV-Bestrahlung. Proc. 2nd Internat. Photobiol. Congress Torino, S. 265 (1957).

Spode, Ernst, und *Heinz Kriegel:* Untersuchungen über die Beeinflussung der Bakterizidie des Blutes durch optische Strahlung. II. Versuche über den Effekt von Bestrahlungsserien. Strahlentherapie *103,* 145 (1957).

Spode, Ernst, und *Volker Gröbe:* Über die Photopolymerisation von Acrylnitril in Magnesiumperchloratlösung. Naturwissenschaften *44,* 560 (1957).

Spode, Ernst: Versuche zur pharmakologischen Beeinflussung der Blutbildreaktion nach UV-Bestrahlung. Vortrag, II. Internationaler Kongreß für Photobiologie, Turin, Juni 1957.

Spezielle biochemische Untersuchungen

Lindigkeit, Ruth: Über den Einbau von C^{14}-markiertem Glykokoll in *E.coli.* Vortrag, Tagung der Ges. für Physiol. Chemie, Basel September 1957.

Lindigkeit, Ruth, und *Bozkourt E. Wahler:* Eine Nebenwirkung narkotischer Barbiturate. Vortrag, 25. Tagung der Deutschen Pharmakologischen Gesellschaft, Basel, Oktober 1959.

— Labiles N-phosphoryliertes Aminosäurederivat aus alkalisch hydrolysierter RNS-Fraktion. Naturwissenschaften *46,* 381 (1959).

— Über ein phosphoryliertes Aminosäurederivat aus *E.coli.* Acta biol. med. germ. *5,* 138 (1960).

Lindigkeit, Ruth, Bozkourt E. Wahler, Georg Schoffa und *Otto Ristau:* Über ESR-Spektren und Energieleitung einiger Übergangsmetallkomplexe von Aminosäuren, Peptiden, Nukleinsäuren und Nukleoproteiden. I. Löschung freier Radikale durch Metalle in Nukleinsäurepräparationen. Vortrag, Tagung über Elektronenresonanz-Spektroskopie, Leipzig 1960.

Lindigkeit, Ruth, und *Ruth Eckel:* Über die Hypochromasie von Ribonukleoprotein-Partikeln aus *E.coli* der logarithmischen Wachstumsphase. Acta biol. med. germ. *5,* 93 (1960).

Lindigkeit, Ruth: Die Hypochromasie von RNP-Partikeln aus *E.coli* in verschiedenen Puffern. Vortrag, Symposium über Strukturfragen der Humboldt-Universität zu Berlin, 1960.

Coutelle, Rosa, und *Ruth Lindigkeit:* Über die Ribosomenfraktion von *E.coli* nach Einwirkung von Chloramphenicol. Acta biol. med. germ. *6,* 178 (1961).

Strahlenschutz

Spode, Ernst: Verordnung über den Verkehr mit radioaktiven Präparaten — Arbeiten mit radioaktiven Isotopen — Strahlenschutzmessungen beim Arbeiten mit radioaktiven Isotopen — Das Amt für Kernforschung und Kerntechnik, Handbuch für den Arbeitsschutz, 3. Aufl., S. 86, 515, 606 und 685 (1958), 4. Aufl., S. 595, 701 und 919 (1961).

— Strahlenschutzprobleme beim Arbeiten mit radioaktiven Isotopen. II. Gefährdungsmöglichkeiten durch Inkorporation radioaktiver Isotope. Chem. Techn. 11, 603 (1959).

— Zum Problem der Gefährdung des Menschen durch radioaktive Strahlung. Vortrag, Tagung der Evangelischen Akademie in Berlin, Juni 1958.

Dosimetrie und andere physikalische Meßmethoden

Dosimetrie ionisierender Strahlung

Böhler Gerd: Strahlenschutz. Innerhalb der Vortragsreihe „Radioaktive Isotope als Hilfsmittel der chemischen Forschung und Technik" der Kammer der Technik, Bezirk Halle, Zeitz, Oktober — Dezember 1957.

— Zur Strahlenschutzüberwachung mit Hilfe von Filmdosimetern. Vortrag auf dem Radiobiologischen Symposium in Berlin, Januar 1958, Kernenergie *1*, 440 (1958).

— Ein Filmdosimeter für die Strahlenschutzüberwachung beim Umgang mit radioaktiven Isotopen. Vortrag, Arbeitstagung Biophysik, Oberhof, Oktober 1958, Kernenergie *1*, 1045 (1958).

Böhler, Gerd, Ernst Spode und *Günther Vormum:* Strahlenschutzprobleme beim Arbeiten mit radioaktiven Isotopen. I. Allgemeine Grundlagen und Gefährdungsmöglichkeiten durch Bestrahlung von außen. Chem. Techn. *11*, 94 (1959).

Entwicklung von Detektoren für radioaktive Strahlungen

Reichel, Rudolf: Herstellung eines einfachen Glockenzählers mit Glimmerfenster. Chem. Techn. Nr. 8 (1956).

Böhler, Gerd: Ein offenes Proportionalzählrohr zur Auswertung von Radiopapierchromatogrammen. Kernenergie *2*, 409 (1959).

Schmidt, Heinz: Ein 4-π-Zählrohr zur routinemäßigen Bestimmung der absoluten Zerfallsrate von Beta-Strahlern. Kernenergie *3*, 117 (1960).

— Über ein universelles 4-π-Zählrohr zur Absolutmessung radioaktiver Nuklide. Vortrag, Tagung der Deutschen Physikalischen Gesellschaft, Wiesbaden Oktober 1960. Berlin 1959.

— Absolutmessungen von Beta-Strahlern mit Hilfe von 4-π-Zählrohren. Diplomarbeit — Berlin 1959.

Schmidt, Heinz, und *Horst Schmidt:* Über die Darstellung von Zählrohrcharakteristiken auf dem Oszillographenschirm. Elektron. Rundsch. *14*, 413 (1960).

Leuchtstoffe

Ortmann, Henry, und *Nikolaus Riehl:* Kristallchemischer Aufbau der Leuchtzentren im ZnS. Angew. Chem., H. 16 (1956).

— Über den Aufbau des lumineszierenden ZnO. Z. Elektrochem., Nr. 60 (1956).

— Über Elektronen-Anlagerungsstellen sehr geringer energetischer Tiefe in ZnS. Z. Naturforsch., Nr. 10a (1956).

— Constitution chimique des centres luminoènes dans ZnS et ZnO. J. de Physique et le Radium, Nr. 3 (1956).

Ortmann, Henry: Diffusion von Aktivatoren in lumineszierendem ZnS. Verl. Vieweg & Sohn, Braunschweig 1956.

Elektronenspinresonanz—Spektroskopie

Nicolau, Claude, Hans-Günther Thom und *Wolfgang Brucker:* ESR- und Leitfähigkeitsuntersuchungen in Porphyrinderivaten. Vortrag, Tagung der Gesellschaft für Physiolog. Chemie, Berlin, September 1959.

Nicolau, Claude: Structural Modifications Induced in Rubber by Neutron Irradiation of Rubber Solutions. Z. physik. Chem. *212,* 1 (1959).

Nicolau, Claude, und *Hans-Günther Thom:* Elektronen-Spin-Resonanz-Untersuchungen an Trägerkatalysatoren — Vortrag, Mendeleev-Tagung, Moskau März 1959.

Nicolau, Claude, Hans-Günther Thom und *Edith Pobitschka:* Electron-spin-resonance studies of some supported hydrogenation-dehydrogenation catalysts. Trans. Farad. Soc. *55,* 1430 (1959).

Organisch-chemische Arbeiten

Radikalfänger

Herzmann, Hermann, und *Peter Venker:* Diphenylpikrylhydrazil als Reagenz für Phenole in der Papierchromatographie. Z. Chem. *1,* 29 (1960).

Schön, Rudolf, und *Peter Venker:* Die Wirkung von Propylgallat auf die Glykolyse von Tumor- und Normalgewebe. Acta biol. med. germ. *5,* 97 (1960).

Venker, Peter, und *Hermann Herzmann:* Radikalfängereigenschaften einiger Phenole Naturwissenschaften *47,* 133 (1960).

C^{14}-markierte Naturstoffe und synthetische organische Substanzen

Drehmann, Ursula: Über die chemische Synthese einiger C^{14}-markierter Aminosäuren und C^{14}-ringmarkierter Pyrimidinabkömmlinge. Chem. Tech. *10,* 474 (1958).

Brucker, Wolfgang, und *Ursula Drehmann:* Zur Phenolcarbonsäurebildung von *Phycomyes* aus C^{14}-markierten Substraten. Arch. Mikrobiol. *30,* 396 (1958).

Drehmann, Ursula: Über die chemische Synthese einiger C^{14}-markierter Aminosäuren und C^{14}-ringmarkierter Pyrimidinabkömmlinge. Vortrag, Radiochemisches Kolloquium der Chemischen Gesellschaft in der DDR, Leipzig, März 1958.

Traulsen, Erika: Über die Herstellung von C^{14}-markiertem Perlon L. Chem. Techn. *11,* 97 (1959).

Venker, Peter, und *Edith Pobitschka:* Synthese des 2,6 3,5) -C^{14}-p-Benzochinons. J. prakt. Chem. 4. Reihe *10,* 303 (1960).

Schmidt, Gerhard: Synthese von C^{14}-markiertem Prolin. Diplomarbeit — Berlin 1960.

Venker, Peter, und *Joachim Klecker:* Mikrosynthese des Glycin-(2-C^{14}). J. prakt. Chem. 4. Reihe, *11,* 222 (1960).
Klecker, Joachim: Eine Synthese des C^{14}-Chloromycetins. Chemie-Ingenieurarbeit — Berlin 1961.

Tritierte Verbindungen und Ketone

Segel, Karl-Heinz: Cymarol-(19-H^3). Naturwissenschaften *47,* 279 (1960).
— Tritium in Industrie und Technik. Vortrag, Tagung „Isotope in Technik und Industrie" der Kammer der Technik, Leipzig November 1960.
— Die Markierung von Herzglykosiden mit Tritium. Vortrag, Arbeitstagung der Industrie- und Hochschulpharmakologen der DDR, Magdeburg, Dezember 1960.
— Heterocyclisch substituierte 1-Methylcyclohexen(1)one(3). Chem. Ber. *93,* 2529 (1960).

Strahlenchemie

Nagli, Gerhard, Ullrich Prösch und *Günther Vormum:* Ein Co^{60}-Bestrahlungsgerät für strahlenchemische Untersuchungen. Isotopentechnik *1,* 43 (1960).
Prösch, Ullrich: Zur Radiolyse des flüssigen Ammoniaks. Vortrag auf der Chemiedozententagung in Jena, Juni 1960. Mber. Msch. dtsch. Akad. Wiss. Berlin. *2,* 553 (1960).
Sarrach, Dieter, und *Günther Vormum:* The Irradiation of Thalliumorganic Compounds with Neutrons and Gamma Rays. Vortrag, „Symposium on the Chemical Effects of Nuclear Transformation", Prag Oktober 1960.
Prösch, Ullrich: Zur Radiolyse des flüssigen Ammoniaks. Dissertation — Berlin 1961.
Sarrach, Dieter: Untersuchungen über den Szillard-Chalmers-Prozeß an Dialkylthalliumverbindungen. Dissertation — Berlin 1961.
Zöpf'l, Hans-Jürgen: Die gaschromatographische Trennung der Methylzinn-, Äthylzinn- und Methyläthylzinnverbindungen. Chemie-Ingenieurarbeit — Berlin 1961.

Anorganische und allgemeine Chemie

Prösch, Ullrich: Das Verhalten von Lösungen der Methylfluor- und Methylchlorsilane in flüssigem NH_3 und $N(CH_3)_3$. Diplomarbeit — Berlin 1957.
Schäfer, Heinz: Über die Lichtempfindlichkeit der Tl(I)-Tl(III)-Austauschreaktionen in Gegenwart von Bromid. Chem. Techn. *10,* 663 (1958).

Höppner, Klaus: Austauschreaktionen an substituierten Halogen-Methylsilanen. Diplomarbeit — Rostock 1959.

Schäfer, Heinz: Beitrag zur Kenntnis des heterogenen Austausch-Systems TlBr/Tl III. Dissertation — Berlin 1959.

— Über Austauschuntersuchungen an homogenen und heterogenen Tl I/Tl III-Systemen in Gegenwart von Bromid. Z. anorg. allg. Chem. *305*, 64 (1960).

— Über die heterogene Tl Br/Tl I-Austauschreaktion. Z. anorg. allg. Chem. *307*, 7 (1960).

— Zum Mechanismus der UV-katalysierten Tl I/Tl III-Austauschreaktion in Gegenwart von Bromid. Naturwissenschaften *48*, 302 (1961).

Walkiewitz, Dieter: Die Darstellung von Jodmethyltrimethylzinn und Untersuchungen über die Austauschbarkeit gegen radioaktives Jod. Chemie-Ingenieurarbeit — Berlin 1961.

Analytische Arbeitsmethoden

Born, Hans-Joachim: Aktivierungsanalyse — ein neues Hilfsmittel des Analytikers. Wiss. u. Fortschr. *5*, 157 (1957).

Born, Hans-Joachim, und *Heinz Große Ruyken:* Zur Herstellung von Zirkon-Hafnium-Standardgemischen für analytische Zwecke. Naturwissenschaften *45*, 11 (1958).

Schäfer, Heinz: Analysenverfahren mit Hilfe radioaktiver Isotope. Vortrag, Reihe „Isotopenanwendung in der chemischen Industrie" der Kammer der Technik, Berlin, Oktober 1959.

Vormum, Günther: Aktivierungsanalyse. Vortrag, Reihe „Isotopenanwendung in der chemischen Industrie" der Kammer der Technik Berlin, Oktober 1959.

Drost, Helga: Polarographische Blutserumuntersuchungen zur Krebsdiagnose. Dissertation — Dresden 1959.

Münster, Hans-Jürgen: Über coulometrische Methoden zur Calciumbestimmung. Diplomarbeit — Dresden 1960.

Segel, Karl-Heinz: Verbesserte Tüpfelreaktion für Herzglykoside. Mikrochim. Acta 27 (1960).

— Verbesserte Auftragstechnik bei der Papierchromatographie. Z. Chem. *1*, 28 (1960).

— Ein Verhältnismaßstab zur schnellen Bestimmung des R_f-Wertes. J. Chromatography *4*, 177 (1960).

Schäfer, Heinz: Papierchromatographischer Nachweis einiger symmetrischer und asymmetrischer Alkylbleiverbindungen. Z. analyt. Chem. *180*, 15 (1961).

Allgemeine, chemische und technische Anwendung von Radionukliden

Born, Hans-Joachim: Das Arbeiten in „heißen“ Laboratorien Mitteilungsbl. chem. Ges., August (1956).

— Wie arbeitet man mit radioaktiven Isotopen? Wiss. u. Fortschr., Nr. 8 (1956).

— Radiochemie und Anwendung radioaktiver Isotope. Grundlagen und Arbeitsmethoden der Kernphysik, Akademie-Verl. Berlin 1956.

Drehmann, Ursula: Über die Einrichtung von Isotopenlaboratorien. I. Chem. Techn., Nr. 6 (1956).

Vormum, Günther: Einrichtung von Isotopenlaboratorien. II. Chem. Techn. *9,* 193 (1957).

Born, Hans-Joachim: Aktuelle Probleme der Radiochemie. Vortrag, VEB Vakutronik Dresden, Januar 1957.

Drehmann, Ursula: Über Schutzmaßnahmen beim Arbeiten mit radioaktiven Isotopen. Vortrag, Hochschule der Gewerkschaft in Bernau, März 1957.

— Bericht über das „kleine radiochemische Praktikum“ in Berlin-Buch. Vortrag, Radiochemisches Kolloquium der Chemischen Gesellschaft in der DDR, Leipzig, März 1958.

— Erfahrungsbericht aus dem Arbeitsbereich Angewandte Isotopenforschung im Institut für Medizin und Biologie in Buch. Vortrag, Kammer der Technik, Berlin, April 1958.

Spode, Ernst, und *Elisabeth Weber:* Experimentelle Untersuchungen über die Adsorption von Spaltprodukten in Aktivkohle. Kernenergie *1,* 165 (1958).

Vormum, Günther, und Dieter Sarrach: Über Erzeugung elektrolytischer Thallium-Niederschläge für die Herstellung geschlossener radioaktiver Präparate. Atompraxis *9,* 332 (1958).

Vormum, Günther: Bericht über die Genfer Konferenz 1958. Vortrag, Hochschule für Schwermaschinenbau in Magdeburg, November 1958.

— Über Probleme bei der Herstellung geschlossener radioaktiver Präparate. Vortrag, Radiochemisches Kolloquium der Chemischen Gesellschaft in der DDR, Leipzig, März 1958.

— Über Erfahrungen und Probleme beim Arbeiten mit höheren Aktivitäten. Vortrag, Radiobiologisches Symposium, Berlin, Januar 1958.

Vormum, Günther, Dieter Sarrach und *Jürgen Röcker:* Verfahren zur Herstellung geschlossener Tl^{204}-Präparate durch elektrolytische Abscheidung. I. Chem. Techn. *11,* 379 (1959).

Schmidt, Heinz: 1. Tracer-Methoden, 2. Radioaktivität pro und contra Krebs. Vorträge anläßlich der Ausstellung „Isotope im Dienste des wissenschaftlich-technischen Fortschritts“ in Berlin, Oktober 1959.

Schoenberg, Dieter: Über die Verwendung von Lindemann-Glas zur Herstellung eines geschlossenen radioaktiven Präparates für die Geschwulst-Therapie. Diplomarbeit — Halle 1959.

Khalil, M. S. H., und *Helmut Waldner:* Absorption of P^{32} by Plants under Different Conditions of Temperature and Illumination. Acta biol. med. germ. *5*, 346 (1960).

Höppner, Klaus, und *Günther Vormum:* Eine Apparatur zur Addition von J^{131} an ungesättigte Verbindungen. Isotopentechnik *1*, 89 (1960).

Vormum, Günther: Über neue Verfahren zur Herstellung industrieller Beta-Präparate. Vortrag, Tagung „Isotope in Technik und Industrie" der Kammer der Technik, Leipzig, November 1960.

Schmidt, Heinz: Über kernphysikalische Grundlagen der Isotopenanwendung und Dosimetrie. Vortrag, Fortbildungslehrgänge der Wissenschaftlichen Gesellschaft für Veterinärmedizin, Sellin (Rügen) November 1960.

— Über den Stand der Anwendung radioaktiver Nuklide in der DDR. Vortragsreise durch die ČSSR im Auftrag der Gesellschaft für kulturelle Verbindung mit dem Ausland, Oktober 1960.

INSTITUT FÜR EXPERIMENTELLE KREBSFORSCHUNG

Allgemeines

Chemische Carcinogenese

Virus und Krebs

Stoffwechsel der Tumoren

Metastasierung

Photodynamischer Effekt

Genetik

Verschiedenes

Allgemeines

Graffi, Arnold: Wirkungsweise der cancerogenen Reize und chemischer Aufbau normaler und maligner Zellen. Z. ärztl. Fortb. *43*, H. 5/6 (1949).

— Beitrag zur Wirkungsweise der cancerogenen Reize und zum chemischen Aufbau normaler und maligner Zellen. Arch. Geschwulstforsch. *1*, 61 (1949).

— Einige Fragen der experimentellen Krebsforschung. Urania *14*, 150 (1951).

— Neuere Anschaungen über die Ursachen und die Entstehung gutartiger und bösartiger Tumoren. Heilberufe. *3*, 306 (1951).

— Die Wirkung cancerogener Reize. Vortrag auf der Dermatol. Ges. d. Univ. Berlin, Juni 1952, Dermat. Wschr. *126*, 210—212 (1952).

— Die krebserregenden Reize oder Cancerogene. Wiss. Annal. *1*, 265 (1952).

Schmidt, Ferdinand: Über die Virustheorie (Induktionstheorie der Krebsentstehung.) Dissertation — Berlin 1952.

Graffi, Arnold: Untersuchungen über die Wirkungsweise cancerogener Reize. Wiss. Annal. *2*, 1 (1953).

— Über den Mechanismus der Geschwulstbildung. Schweiz Med. Wschr. *83*, 865 (1953).

Schmidt, Ferdinand: Über die Virustheorie (Induktionstheorie der Krebsentstehung). Beiträge zur Krebsforschung, Bd. 3. Steinkopff-Verl., Dresden 1953.

Graffi, Arnold: Experimentelle Cancerogenese. Vortrag, Fachkonf. Klasse für Medizin DAdW zu Berlin 1955. Abh. dtsch. Akad. f. Wiss. Berlin, Kl. med. Wiss. *1955*, 1 (1957).

— Experimentelle Untersuchungen über die Ursachen und den Mechanismus der Geschwulstbildung. Vortrag, Physiolog.-Chem. Inst. Univ. Bonn 1956.

— Experimentelle Untersuchungen über die Entstehung bösartiger Geschwülste. Festschr. dtsch. Akad. Wiss. 1946—1956. Akademie-Verl. S. 249, Berlin 1956.

— Theoretische Betrachtungen zum Mechanismus der malignen Entartung unter Einbeziehung der onkogenen Viren. Z. ärztl. Fortb. *50*, 523 (1956).

Bielka, Heinz: „Zur Biochemie des bösartigen Wachstums". Vortrag auf der Tagung der Ges. für Säugetierkunde und Erbpathologie, Berlin 1957.

Graffi, Arnold: Prinzipielles zur Cancerogenese. Vortrag, Fortbildungslehrgang über Stoffwechselkrankheiten, Krankenhaus Friedrichshain, Berlin 1957.

— Probleme der Krebsbildung. Vortrag im Kulturzentrum Warschau 1957.

Graffi, Arnold: Über neugefundene cancerogene Faktoren. Vortrag, Dresden 14.—18. Oktober 1958. Jahreskongreß ärztl. Fortbildung. Verl. Volk u. Gesundheit, S. 191 bis 204, Berlin 1958.

Graffi, Arnold, und *Heinz Bielka:* Probleme der experimentellen Krebsforschung. Akadem. Verlagsges., Geest & Portig K.-G., Leipzig 1959.

Graffi, Arnold, und *Fritz Fey:* Leukämie und Virus. Braunsteiner, H. (Hrsg.): Physiologie und Physiopathologie der weißen Blutzellen. G. Thieme Verl., S. 315—336, Stuttgart 1959.

Graffi, Arnold: Experimentelle Untersuchungen über die Ursache des Krebses. Vortrag, Klub der Kulturschaffenden, Berlin 1960.

— Viren als geschwulstauslösende Faktoren. Vortrag auf der Jahrestagung der Med. Ges. Leipzig, Oktober 1960.

— Neuere Aspekte der Cancerogenese. Vortrag, Bielefelder ärztl. Fortbildungskurs, Bielefeld 1960.

— Fragen der Carcinogenese. Vortrag, ärztl. Fortbildungskurs, Berlin-Buch 1960.

— Über Wesen und Ursachen des Krebses. Wissen und Leben. S. 350—354, 1960.

— Viren als Ursache von Leukämien. Blut *6,* 1 (1960).

— Bericht über experimentelle Untersuchungen zur Krebsätiologie aus der Abteilung für biologische Krebsforschung des Institutes für Medizin und Biologie, Berlin. Vortrag, Duke-University, Durham, North-Carolina, Mai 1961.

— Cercetări asupra rolului organitelor citoplasmice, si în special al mitocondriilor, în cărcinogeneza. (Untersuchungen zur Bedeutung der cytoplasmatischen Organellen speziell der Mitochondrien bei der Carcinogenese.) Morfologia Normală si Patologică (Bukarest) *6,* 3 (1961).

Chemische Carcinogenese

Graffi, Arnold, und *H. Puhr:* Beitrag zur Morphogenese des Benzpyrenkrebses der Mäusehaut. Arch. Geschwulstforsch. *2,* 1 (1950).

Graffi, Arnold, Ernst Ulsperger und *Fritz Hoffmann:* Versuche über den Wirkungsmechanismus der cancerogenen Kohlenwasserstoffe. 1. Mitt.: Die tumorerzeugende Wirkung einer einmaligen Tropfung der Mäusehaut mit 9,10-Dimethyl-1,2-benzanthracen. Arch. Geschwulstforsch. *3,* 212 (1951).

Graffi, Arnold: Versuche über den Wirkungsmechanismus der cancerogenen Kohlenwasserstoffe. 2. Mitt.: Unterschiedliche Reaktionsweise topographisch verschiedener Felder der Kaninchenhaut auf cancerogene Kohlenwasserstoffe. Arch. Geschwulstforsch. *3,* 217 (1951).

— Untersuchungen über die Wirkungsweise cancerogener Kohlenwasserstoffe. Dtsch. Ges.wesen 7, 1081 (1952).

Graffi, Arnold: Beitrag zur Analyse der Cancerogenese. Z. ges. inn. Med. Grenzgebiete *7*, 882 (1952).

Graffi, Arnold, und Hans Gummel: Zur Frage der cancerogenen Wirkung der steroiden Geschlechtshormone. Dtsch. Ges.wesen *7*, 1250 (1952).

Kriegel, Heinz: Die Wirkung des 9,10-Dimethyl-1,2-benzanthracen auf die Haut des Goldhamsters *(Mesocricetus auratur)*. Diplomarbeit Berlin 1952.

Graffi, Arnold: Untersuchungen über den Mechanismus der Cancerogenese und die Wirkungsweise cancerogener Reize. Abh. dtsch. Akad. Wiss. Berlin, Kl. med. Wiss. *53*, 1 (1953).

Graffi, Arnold, und *Fritz Hoffmann:* Beeinflussung der Tumorbildung an der Mäusehaut nach Cancerogenbehandlung durch die Art der Tierhaltung. Dtsch. Ges.wesen *8*, 185 (1953).

Krüger, Annemarie: Die quantitative Schädigungswirkung verschiedener cancerogener Kohlenwasserstoffe auf die Gewebekultur von embryonalen Mäusefibroblasten. Dissertation — Berlin 1953.

Graffi, Arnold, und *Walter Hebekerl:* Über chemische Frühveränderungen der Rattenleber nach Verfütterung cancerogener Azofarbstoffe. 1. Mitt. Arch. Geschwulstforsch. *5*, 1 (1953).

Schneider, Ernst Johannes, und *Arnold Graffi:* Über chemische Frühveränderungen der Rattenleber nach Verfütterung cancerogener Azofarbstoffe. 2. Mitt.: Die Wirkung der kurzdauernden Verfütterung des 3′-Methyl-4-dimethylaminoazobenzol auf einzelne Atmungsfermente der Leberzellen. Arch. Geschwulstforsch. *5*, 8 (1953).

Graffi, Arnold, Ernst Johannes Schneider, Günter Sydow und *Lieselotte Krüger:* Über chemische Frühveränderungen der Rattenleber nach Verfütterung cancerogener Azofarbstoffe. 3. Mitt.: Über die Schädigung des Glykogenbildungsvermögens der Rattenleber durch kurzfristige Einwirkung cancerogener Stoffe. Arch. Geschwulstforsch. *5*, 14 (1953).

Graffi, Arnold, Günter Sydow und *Ernst Johannes Schneider:* Über chemische Frühveränderungen der Rattenleber nach Verfütterung cancerogener Azofarbstoffe. 4. Mitt.: Der Gehalt des Lebergewebes an Adenosintriphosphat (ATP) bei kurzfristiger Fütterung mit 3′-Methyl-Dimethylaminoazobenzol (3′-MDAB). Arch. Geschwulstforsch. *5*, 19 (1953).

Hebekerl, Walter, Rolf Reiss, Antonie Pisarzewski und *Arnold Graffi:* Über chemische Frühveränderungen der Rattenleber nach Verfütterung cancerogener Azofarbstoffe. 5. Mitt. Veränderung des Vitamin C-Gehaltes. Arch. Geschwulstforsch. *5*, 101 (1953).

Hebekerl, Walter, Antonie Pisarzewski, Rolf Reiss und *Arnold Graffi:* Über chemische Frühveränderungen der Rattenleber nach Verfütterung cancerogener Azofarbstoffe. 6. Mitt.: Veränderungen des Vitamin B_1- und B_2-Gehaltes. Arch. Geschwulstforsch. *5*, 107 (1953).

Reiss, Rolf, Antonie Pisarzewski, Walter Hebekerl und *Arnold Graffi:* Über chemische Frühveränderungen der Rattenleber nach Verfütterung cancerogener Azofarbstoffe.

7. Mitt.: Veränderung des Vitamin B_1-, B_2- und C-Gehaltes. Arch. Geschwulstforsch. *7*, 120 (1954).

Reiss, Rolf, Walter Hebekerl und *Arnold Graffi:* Über chemische Frühveränderungen der Rattenleber nach Verfütterung cancerogener Azofarbstoffe. 8. Mitt.: Veränderung des Vitamin A-Gehaltes. Arch. Geschwulstforsch. *7*, 321 (1954).

Heine, Ursula: Vergleichende quantitative Untersuchungen an der Mäusehaut nach Tropfung verschiedener cancerogener Kohlenwasserstoffe. Dissertation — Berlin 1953.

Graffi, Arnold, Eva Vlamynck, Fritz Hoffmann, und *Ingrid Schulz:* Untersuchungen über die geschwulstauslösende Wirkung verschiedener chemischer Stoffe in der Kombination mit Crotonöl. Arch. Geschwulstforsch. *5*, 110 (1953).

Graffi, Arnold, und *Peter Schäfer:* Beitrag zur Frage der Beeinflussung der Cancerogenese durch das Nervensystem. Naturwissenschaften *40*, 228 (1953).

Graffi, Arnold, Ernst Johannes Schneider und *Vera Beyer:* Beeinflussung der Stickstoff-Fraktionen des Rattenserums durch kurzfristige Verfütterung des 3′-methyldimethylaminoazobenzol. Dtsch. Ges.wesen. *8*, 673 (1953).

Graffi, Arnold, Annemarie Krüger und *Ursula Heine:* Versuche über die quantitative Schädigungswirkung cancerogener Kohlenwasserstoffe auf Gewebekulturen. Ärztl. Forsch. *47*, I/361 (1953).

Graffi, Arnold, und *Ursula Heine:* Zur Frage des Antagonismus zwischen cancerogenen Kohlenwasserstoffen und Sulfhydrilgruppen. Arch. Geschwulstforsch. *6*, 83 (1953).

Herforth, Lieselott, Ernst Johannes Schneider, Walter Krischke und *Arnold Graffi:* Zur quantitativen Bestimmung fluoreszenzfähiger cancerogener Substanzen in tierischen Geweben. 1. Mitt.: Menge und Verweildauer fluoreszenzfähigen Benzpyrens in der Mäusehaut nach Betropfung. Arch. Geschwulstforsch. *6*, 89 (1953).

Graffi, Arnold, Felix Scharsach und *Walter Krischke:* Fluoreszenzmikroskopische Untersuchungen über die enterale Resorption des Benzpyrens. Dtsch. Ges.wesen *8*, 1550 (1953).

Graffi, Arnold: Untersuchungen über den Mechanismus der Cancerogenese und die Wirkungsweise cancerogener Reize. Abh. dtsch. Akad. Wiss. Berlin, Kl. med. Wiss. *53*, 1 (1953).

Heine, Ursula, Erika Parchwitz und *Arnold Graffi:* Vergleichende Untersuchungen an explantierter Haut verschiedener Säugetiere nach Behandlung mit cancerogenen Kohlenwasserstoffen. Arch. Geschwulstforsch. *6*, 101 (1954).

Gimmy, Joachim, und *Arnold Graffi:* Fluoreszenzmikroskopische Befunde der Kaninchenhaut nach Behandlung mit cancerogenen Kohlenwasserstoffen. Arch. Geschwulstforsch. *6*, 106 (1954).

Kriegel, Heinz: Die Wirkung des 9,10-Dimethyl-1,2-benzanthracen auf die Haut des Goldhamsters *(Mesocricetus auratus)*. Arch. Geschwulstforsch. *6*, 132 (1954).

Gimmy, Joachim: Histologische Untersuchungen über die Wirkung des cancerogenen Kohlenwasserstoffs 9,10-Dimethyl-1,2-benzanthracen und des Crotonöls auf die Kaninchenhaut. Dissertation — Berlin 1954.

Graffi, Arnold, Felix Scharsach und *Lieselotte Krüger:* Weiterer Beitrag zur Frage der Beeinflussung der Cancerogenese durch das Nervensystem. Naturwissenschaften. 41, 581 (1954).

Barton, Helmut, Ursula Heine, Arnold Graffi und *Friedrich Jung:* Versuche zur Beeinflussung der Cancerogenese durch 1-Isopropyl-5-methylazulan. Arch. exp. Pathol. Pharmakol. *223*, 443 (1954).

Reißig, Gisela, und *Arnold Graffi:* Versuche über den Wirkungsmechanismus der cancerogenen Kohlenwasserstoffe. 3. Mitt.: Quantitative Untersuchungen über die geschwulstrealisierende Wirkung des Crotonöls nach vorausgegangener Cancerogenapplikation. Arch. Geschwulstforsch. *8*, 101 (1955).

Graffi, Arnold, Felix Scharsach und *Eva Heyer:* Zur Frage der Initialwirkung cancerogener Kohlenwasserstoffe auf die Mäusehaut nach intravenöser, intraperitonealer und oraler Applikation. Naturwissenschaften. *42*, 184 (1955).

Bielka, Heinz: Über die Beeinflussung der Wirkung cancerogener Kohlenwasserstoffe durch Janusgrün. Naturwissenschaften. *42*, 299 (1955).

Graffi, Arnold, und *Gisela Reißig:* Versuche über den Wirkungsmechanismus der cancerogenen Kohlenwasserstoffe. 4. Mitt.: Untersuchungen über die Abhängigkeit der Initialwirkung verschiedener cancerogener Kohlenwasserstoffe von der genetischen Konstitution der Versuchstiere. Arch. Geschwulstforsch. *10*, 1 (1956).

— Versuche über den Wirkungsmechanismus der cancerogenen Kohlenwasserstoffe. 5. Mitt.: Experimentelle Untersuchungen zur Frage einer Wirkung cancerogener Kohlenwasserstoffe im Sinne einer „allgemeinen Tumordisposition“. Arch. Geschwulstforsch. *10*, 146 (1956).

Hoffmann, Maria, Arnold Graffi und *Eva Heyer:* Die Beeinflussung der Initialphase der Cancerogenese durch Überwärmungsbäder. Lampert-Selawry: Körpereigene Abwehr und bösartige Geschwülste. K. F. Haug-Verl., 48—52, Ulm 1957.

Graffi, Arnold, und *Gisela Reißig:* Versuche über den Wirkungsmechanismus der cancerogenen Kohlenwasserstoffe. 6. Mitt.: Initial- und Realisierungswirkung bei jungen und alten Mäusen. Arch. Geschwulstforsch. *11*, 192 (1957).

— Versuche über den Wirkungsmechanismus der cancerogenen Kohlenwasserstoffe. 7. Mitt.: Initial- und Realisierungswirkung bei neugeborenen, wenige Tage alten und erwachsenen Mäusen. Arch. Geschwulstforsch. *11*, 201 (1957).

Gimmy, Joachim: Die histologischen Veränderungen in der Kaninchenhaut nach einmaliger Tropfung mit dem cancerogenen Kohlenwasserstoff 9,10-Dimethyl-1,2-benzanthracen und mit Crotonöl. Arch. Geschwulstforsch. *13*, 372 (1958).

— Histologische Untersuchungen über die Wirkung des cancerogenen Kohlenwasserstoffs 9,10-Dimethyl-1,2-benzanthracen und des Crotonöls auf die Kaninchenhaut. 2. Mitt.: Quantitative Bestimmung einzelner histologischer Veränderungen nach einmaliger Tropfung. Arch. Geschwulstforsch. *13*, 383 (1958).

— Histologische Untersuchungen über die Wirkung des cancerogenen Kohlenwasserstoffs 9,10-Dimethyl-1,2-benzanthracen und des Crotonöls auf die Kaninchenhaut. 3. Mitt.: Die histologischen Veränderungen nach laufender Tropfung. Arch. Geschwulstforsch. *14*, 33 (1958).

Graffi, Arnold, Joachim Gimmy und *Felix Scharsach:* Über Transplantationsversuche cancerogen behandelter Hautlappen beim Kaninchen. Arch. Geschwulstforsch. *14*, 50 (1958).

Gimmy, Joachim: Histologische Untersuchungen über die Wirkung des cancerogenen Kohlenwasserstoffs 9,10-Dimethyl-1,2-benzanthracen und des Crotonöls auf die Kaninchenhaut. 4. Mitt.: Quantitative Bestimmung einzelner histologischer Veränderungen nach laufender Tropfung. Arch. Geschwulstforsch. *14*, 131 (1959).

— Histologische Untersuchungen über die Wirkung des cancerogenen Kohlenwasserstoffs 9,10-Dimethyl-1,2-benzanthracen und des Crotonöls auf die Kaninchenhaut. 5. Mitt.: Bestimmung der Kernvolumina nach laufender Tropfung. Arch. Geschwulstforsch. *14*, 139 (1959).

Bonneß, Klaus: Beitrag zur Wirkungsweise cancerogener Kohlenwasserstoffe an Mäusen, unter Berücksichtigung der Mundhöhle. Dissertation — Berlin 1959.

Sonnburg, Martin: Experimentelle Untersuchungen zum Problem der Tumorrealisierung in hormonell abhängigen Organen. Dissertation — Berlin 1960.

Schramm, Tilo: Einfluß von Fettsäuren auf die Carcinogenese. I. Einfluß von Linolensäureäthylester auf die durch 3'-Methyl-4-dimethylaminoazobenzol induzierte Carcinogenese. Acta biol. med. germ. *6*, 324 (1961).

— Einfluß von Fettsäuren auf die Carcinogenese. II. Einfluß von Linolensäureäthylester auf die durch 4-Dimethylaminostilben induzierte Carcinogenese. Acta biol. med. germ. *6*, 428 (1961).

— Influence of fatty acids on carcinogenesis. Vortrag, European Conference of the U. I. C. C. on Tumor Biology, Warschau 1961.

Virus und Krebs

Graffi, Arnold, Heinz Bielka, Fritz Fey, Felix Scharsach und *Renata Weiß:* Gehäuftes Auftreten von Leukämien nach Injektion von Sarkomfiltraten. Naturwissenschaften. *41*, 503 (1954).

Graffi, Arnold, und *Ferdinand Schmidt:* Methodische Versuche zur Frage einer subzellulären Übertragung von Mäusetumoren. Dtsch. Ges.wesen *9*, 1309 (1954).

Schmidt, Ferdinand: Entstehung von lymphoiden Tumoren bei Experimenten auf der Basis der Induktionstheorie der Krebsentstehung. Naturwissenschaften *41*, 504 (1954).

— Versuche zur Induktionstheorie der Krebsentstehung. Dtsch. Ges.wesen *9*, 1319 (1954).

Graffi, Arnold, Heinz Bielka, Fritz Fey, Felix Scharsach und *Renata Weiß:* Gehäuftes Auftreten von Leukämien nach Injektion von Sarkomfiltraten. Wiener Med. Wschr. *105*, 61 (1955).

Fey, Fritz, Heinz Bielka und *Arnold Graffi:* Weitere Untersuchungen über das Auftreten von Mäuseleukämien nach Injektion von Tumorfiltraten. Naturwissenschaften *42,* 160 (1955).

Bielka, Heinz, Arnold Graffi und *Fritz Fey:* Leukämien bei der Maus nach Injektion von homologen Geschwulstfiltraten. Naturwissenschaften *42,* 399 (1955).

— Versuche zur Klärung des Mechanismus der Leukämiebildung nach Injektion von zellfreien Tumorfiltraten. Naturwissenschaften *42,* 421 (1955).

Graffi, Arnold, Heinz Bielka, Fritz Fey und *Ursula Heine:* Untersuchungen zur weiteren Charakterisierung des leukämieerzeugenden Agens in zellfreien Sarkomfiltraten der Maus. Naturwissenschaften *42,* 563 (1955).

Bielka, Heinz, Fritz Fey und *Arnold Graffi:* Über mögliche Eigenschaftsänderungen eines onkogenen Agens nach zellfreier Passage. Naturwissenschaften *42,* 563 (1955).

Bielka, Heinz, Fritz Fey, Walter Krischke und *Arnold Graffi:* Über die Abhängigkeit der Leukämiehäufigkeit vom Alter der Tiere zur Zeit der Injektion zellfreier Tumorfiltrate. Naturwissenschaften *42,* 563 (1955).

Graffi, Arnold: Experimentelle Untersuchungen zur Frage der Beziehungen zwischen Virus- und Geschwulstbildung. Vortrag, Tagung der Berliner Medizinischen Gesellschaft, Berlin, Juli 1956, Berliner Med. 7, 418 (1956).

— Leukämieerzeugung bei der Maus durch zellfreie homologe Tumorfiltrate. Vortrag, 5. Europ. Hämatologen-Kongreß in Freiburg 1955. 5. Kongreß der Europäischen Gesellschaft für Hämatologie in Freiburg vom 20. bis 24. September 1955. Kolloquium über aktuelle Probleme des Transfusionswesens und der Immun-Hämatologie. Springer-Verl. S. 698, Berlin 1956.

Graffi, Arnold, Heinz Bielka und *Fritz Fey:* Leukämieerzeugung durch ein filtrierbares Agens auf malignen Tumoren. Acta Haematologica *15,* 145 (1956).

Graffi, Arnold, und *Fritz Fey:* Untersuchungen über die Antigen-Eigenschaften des leukämieerzeugenden Faktors aus dem Mäusetumor SaI. Naturwissenschaften *42,* 652 (1956).

Graffi, Arnold, Fritz Fey und *Heinz Bielka:* Experimentelle Leukämieerzeugung durch zellfreie Geschwulstfiltrate. Klin. Wschr. *34,* 15 (1956).

Graffi, Arnold, Fritz Fey, Heinz Bielka, Ursula Heine und *Fritz Hoffmann:* Weitere Untersuchungen zur Charakterisierung des leukämieerzeugenden Agens aus Mäusetumoren. Naturwissenschaften *43,* 63 (1956).

Gimmy, Joachim, Walter Krischke und *Arnold Graffi:* Über die leukämieerzeugende Wirkung zellfreier Tumorfiltrate nach Injektion in erwachsene Mäuse. Naturwissenschaften *43,* 305 (1956).

Krischke, Walter, Arnold Graffi und *Eva Heyer:* Untersuchungen über die Ansprechbarkeit genetisch verschiedener Mäusestämme auf zellfreie Filtrate maligner Tumoren. Naturwissenschaften *43,* 332 (1956).

Graffi, Arnold, und *Walter Krischke:* Steigerung der leukämogenen Wirkung zellfreier Tumorfiltrate durch Kombination mit Röntgen-Ganzkörperbestrahlung. Naturwissenschaften *43,* 333 (1956).

Graffi, Arnold, Fritz Fey und *Heinz Bielka:* Induction of leukemia in mice by cell-free filtrates of sarcomas and carcinomas. The Alexandria Med. J. *II*, 167 (1956).

Fey, Fritz: Beiträge zur Charakterisierung und Genese der nach Injektion zellfreier Tumorfiltrate auftretenden Leukämie der Maus. Dissertation — Berlin 1956.

Graffi, Arnold: Versuche zellfreier Tumorübertragung: Mäuseleukämien nach Injektion von zellfreien Filtraten aus transplantablen, nicht-leukämischen Impftumoren der Maus. Vortrag, Arbeitsbesprechung in der Weserbergland-Klinik in Höxter 1955. Lampert-Selawry: Körpereigene Abwehr und bösartige Geschwülste. K. F. Haug-Verl. S. 147, Ulm 1957.

Krause, Lieselotte: Versuche zur Kultivierung des leukämogenen Agens filtrierbarer Mäusetumoren in der Gewebekultur und Untersuchungen über den Einfluß von Kaninchen-Immunseren auf die Zellen dieser Tumoren in vitro. Diplomarbeit — Berlin 1956.

Graffi, Arnold: Chloroleukemia of mice. Ann. New York, Acad. Sci. *68*, 540 (1957).

Bielka, Heinz: Über die onkogene Wirkung zellfreier Filtrate transplantabler Mäusetumoren und einige Versuche zur Charakterisierung des wirksamen Agens. Vortrag, 5. Wiss. Tagung des dtsch. Zentralausschusses für Krebsbekämpfung und Krebsforschung, Pyrmont, Juli 1957. Strahlentherapie Sonderbd. 37: Krebsforschung, Krebsbekämpfung Teil *II*, 111 (1957).

Fey, Fritz: Untersuchung zur immunbiologischen Charakterisierung des leukämogenen Agens zellfreier Filtrate auf malignen Mäusetumoren. Vortrag, 5. Wiss. Tagung des dtsch. Zentralausschusses für Krebsbekämpfung und Krebsforschung, Pyrmont, Juli 1957. Vortrag, Tagung der Medizinisch-Naturwiss. Ges. in Jena, Juni 1957. Strahlentherapie Sonderbd. 37: Krebsforschung und Krebsbekämpfung Teil *II*, 118 (1957).

— Untersuchungen zur Pathogenese der durch zellfreie Tumorfiltrate erzeugten Leukämien der Maus. Vortrag, VI. Europ. Hämatologen-Kongreß in Kopenhagen, August 1957. Transactions 6th Congr. Europ. Soc. Haematol. S. 202, Naturwissenschaften *44*, 541 (1957).

Graffi, Arnold: Über Beziehungen zwischen Virus und Geschwulstbildung. Hochschulkurs in Gießen, Juli 1957. Strahlentherapie *104*, 197 (1957).

Heine, Ursula: Nachweis virusartiger Partikel in zellfrei übertragbaren Mäuseleukämien. Vortrag, Jahrestagung dtsch. Ges. Elektronenmikroskopie, Darmstadt, September 1957.

Krischke, Walter: Die Bedeutung verschiedener biologischer Faktoren für die Wirksamkeit des filtrierbaren Agens aus Mäusetumoren. Vortrag, 5. Wiss. Tagung des dtsch. Zentralausschusses f. Krebsbekämpfung und Krebsforschung in Pyrmont, Juli 1957, und Tagung der Medizinisch-Naturwiss. Ges. in Jena, Juni 1957. Strahlentherapie Sonderbd. 37: Krebsbekämpfung und Krebsforschung Teil *II*, 116 (1957).

Graffi, Arnold, Fritz Fey, Fritz Hoffmann und *Walter Krischke:* Inaktivierung des leukämieerzeugenden filtrierbaren Agens aus Mäusetumoren durch heterologe Immunseren. Klin. Wschr. *35*, 465 (1957).

Graffi, Arnold, Walter Krischke, Günter Sydow und *Lieselotte Venker:* Versuche zur Anreicherung des filtrierbaren leukämogenen Agens aus Mäusetumoren (12. Mitteilung). Naturwissenschaften *44*, 284 (1957).

Bielka, Heinz, Arnold Graffi und *Walter Krischke:* Zur Frage der Beteiligung von Nucleinsäuren an der chemischen Zusammensetzung des leukämogenen Agens aus filtrierbaren Mäusetumoren (14. Mitt.). Naturwissenschaften 44, 381 (1957).

Graffi, Arnold, und *Heinz Bielka:* Zum Verhalten des leukämogenen Agens aus filtrierbaren Mäusetumoren gegenüber Glycerin und Gefriertrocknung (15. Mitt.). Naturwissenschaften *44*, 382 (1957).

Krischke, Walter, Arnold Graffi und *Eva Krischke:* Untersuchungen über eine Anreicherung des leukämogenen Agens aus Mäusetumoren im Gehirn (16. Mitt.). Naturwissenschaften *44*, 400 (1957).

Heine Ursula, Arnold Graffi, Johannes-Gerhard Helmcke und *Angela Randt:* Virusartige Partikeln in zellfrei übertragbaren Mäuseleukämien (13. Mitt.). Naturwissenschaften *44*, 449 (1957).

Graffi, Arnold, und *Joachim Gimmy:* Erzeugung von Leukosen bei der Ratte durch ein leukämogenes Agens der Maus. (17. Mitt.). Naturwissenschaften *44*, 518 (1957).

Fey, Fritz: Untersuchungen zur Pathogenese der durch zellfreie Tumorfiltrate erzeugten Leukämien der Maus. Naturwissenschaften *44*, 541 (1957).

Graffi, Arnold: Zur Virusätiologie verschiedener Mäuseleukämien. Vortrag, VI. Europ. Hämatologen-Kongreß Kopenhagen, August 1957. Acta haematol. *20*, 49 (1958).

— Virus und Geschwulstbildung. Vortrag, Onkologen-Tagung der Poln. Akad. Wiss. Warschau Oktober 1957. Nowotwory *8*, 159 (1958).

— Das Virus der myeloischen Leukämie der Maus. Kolloqium des Laboratoire Pasteur de l'Institut du Radium Paris 17.—21. Juni 1958.

— Experimentelle Untersuchungen zur Ätiologie der Leukämien. Vortrag, III. Medizin. Kongreß der DDR, Dresden 11.—13. September 1958.

— Virus-Leukämie bei der Maus und Ratte. Vortrag, Onkolog. Forschungsinst. Bratislava 20.—25. November 1958.

Fey, Fritz: Untersuchungen zur Pathogenese der durch zellfreie Tumorfiltrate erzeugten Leukämien der Maus. Acta biol. med. germ. *1*, 1 (1958).

— Untersuchungen zur Charakterisierung der durch zellfreie Tumorfiltrate erzeugten Leukämien der Maus. Acta biol. med. germ. *1*, 15 (1958).

Graffi, Arnold, Ernst-Johannes Schneider und *Günter Sydow:* Weitere Beobachungen über die Wirkung des Virus der Hühnermyeloblastose auf die Glykolyse. Naturwissenschaften *45*, 91 (1958).

Heine, Ursula, Alfons Krautwald, Johannes-Gerhard Helmcke und *Arnold Graffi:* Zur Ätiologie der Lymphogranulomatose. Naturwissenschaften *45*, 369 (1958).

Bielka, Heinz, und *Arnold Graffi:* Untersuchungen zur Bedeutung von Nukleinsäuren für die Wirksamkeit des Rous-Virus. Naturwissenschaften *45*, 320 (1958).

Graffi, Arnold, Fritz Fey und *Fritz Hoffmann:* Weitere Untersuchungen zur immunologischen Charakterisierung des Agens der myeloischen Leukämie der Maus. Naturwissenschaften *45*, 471 (1958).

Fey, Fritz, und *Arnold Graffi:* Beeinflussung der myeloischen Filtratleukämien der Maus durch Splenektomie. Naturwissenschaften *45,* 471 (1958).
Graffi, Arnold, und *Joachim Gimmy:* Über die Wirkung des Virus der myeloischen Leukämie der Maus bei der Ratte. Z. ges. inn. Med. Grenzgebiete *13,* 881 (1958).
Graffi, Arnold: Experimentelle Untersuchungen zur Ätiologie der Leukämien. Z. ges. inn. Med. Grenzgebiete *13,* 961 (1958).
— Über einige Eigenschaften des virusartigen Agens der myeloischen Leukämie der Maus. Vortrag, VII. Int. Krebskongreß in London 6.—12. Juli 1958 Acta Unio internat. cancrum *15,* 737 (1959).
Bielka, Heinz: Über einige biochemische Charakteristica des Virus sowie der Zellen der myeloischen Leukämie der Maus. Vortrag, Berliner Symposion über Fragen der Carcinogenese Dezember 1959. Abh. dtsch. Akad. Wiss., Berlin, Kl. med. Wiss. S. 268, 1960.
Bierwolf, Dieter: Elektronenmikroskopische Cytologie virusbedingter Leukämien der Maus. Vortrag, Kongreß Dtsch. Ges. Elektronenmikroskopie, Freiburg 1959.
Fey, Fritz: Die Bedeutung der Milz für die Genese der myeloischen Leukämie der Maus. Vortrag, 7th Congress of Haematology, London 1959. Proc. 7th Congr. Europ. Soc. Haematol., London 1959 Teil *II,* 293 (1960).
Graffi, Arnold: Wirkungsweise und Eigenschaften des bei Maus und Ratte wirksamen Virus der myeloischen Leukämie. Symposion on functional components of carcinogenesis, Israel, Sept. 1959. Acta Unio internat cancrum *17,* 181 (1961).
— Zur Charakterisierung des Virus der myeloischen Leukämie der Maus. Vortrag, Berliner Symposion über Fragen der Carcinogenese, Dezember 1959. Abh. dtsch. Akad. Wiss. Berlin, Kl. med. Wiss. S. 268, 1960.
— Über Wirkung und Eigenschaften des Polyoma-Stammes BB/T2. Vortrag, Berliner Symposion über Fragen der Carcinogenese, Dezember 1959. Abh. dtsch. Akad. Wiss., Berlin, Kl. med. Wiss. S. 323, 1960.
— Untersuchungen zur Frage der Vermehrungsweise und Feinstruktur des Virus der myeloischen Leukämie der Maus. Vortrag, Kongreß Dtsch. Ges. f. Elektronenmikroskopie, Freiburg 1959.
Krischke, Walter: Über die biologische Charakterisierung des Virus der myeloischen Leukämie. Kolloqium Institut Pasteur, Paris 1959.
Gimmy, Joachim, und *Arnold Graffi:* Myeloische Leukämien bei der Maus durch zellfreie Filtrate aus leukämischem Gewebe der Ratte. Naturwissenschaften *46,* 210 (1959).
Graffi, Arnold, Joachim Gimmy und *Lieselotte Krause:* Über ein polyvalentes Sarkomvirus der Ratte. Naturwissenschaften *46,* 330 (1959).
Bielka, Heinz, und *Arnold Graffi:* Über die Wirkung von Desoxycholsäure auf das Virus der myeloischen Leukämie der Maus und das Rous-Sarkom-Virus. Naturwissenschaften *46,* 404 (1959).
Krischke, Walter, und *Arnold Graffi:* Über den Einfluß der Applikationsweise bei der Übertragung des Virus der myeloischen Leukämie der Maus. Naturwissenschaften *46,* 497 (1959).

Fey, Fritz, und *Arnold Graffi:* Versuche zur Charakterisierung des fördernden Milzfaktors bei der Genese der myeloischen Leukämie der Maus. Naturwissenschaften *46,* 497 (1959).

Sydow, Günter, Ernst Johannes Schneider und *Arnold Graffi:* Über die Stimulierungswirkung der Mitochondrien auf die Glykolyse in Gegenwart phosphorylierter Zucker. Acta biol. med. germ. *2,* 666 (1959).

Graffi, Arnold: Untersuchungen zur Virusätiologie maligner Tumoren. Mber. Akad. Wiss. Berlin, *1,* 628 (1959).

Graffi, Arnold, Ursula Heine, Johannes-Gerhard Helmcke und *Angela Randt:* Elektronenmikroskopische Befunde an der myeloischen Leukose SOV 16 der Maus. Arch. Geschwulstforsch *15,* 159 (1959).

Graffi, Arnold, und *Walter Krischke:* Untersuchungen zur weiteren Charakterisierung des Agens der myeloischen Leukämie der Maus. Acta biol. med. germ. *3,* 402 (1959).

Gimmy, Joachim, Arnold Graffi und *Lieselotte Krause:* Über die Wirkung des polyvalenten Sarkom-Virus beim Goldhamster. Acta biol. med. germ. *3,* 509 (1959).

Graffi, Arnold, und *Heinz Bielka:* Versuche zur Frage der Beteiligung von Lipoiden am Aufbau des Virus der myeloischen Leukämie der Maus. Acta biol. med. germ. *3,* 511 (1959).

— Über die Wirkung tryptischer Fermente auf das Virus der myeloischen Leukämie der Maus. Acta biol. med. germ. *3,* 513 (1959).

Bielka, Heinz, und *Arnold Graffi:* Untersuchungen über die leukämogene Wirkung von Nukleinsäuren aus virusinduziertem Leukämiegewebe. Acta biol. med. germ. *3,* 515 (1959).

Fey, Fritz, Joachim Gimmy und *Arnold Graffi:* Hämatologische und histologische Untersuchungen an Mäuseleukämien, die durch zellfreie Filtrate aus leukämischen Rattengeweben induziert wurden. Acta biol. med. germ. *3,* 598 (1959).

Heine, Ursula, Arnold Graffi, Dieter Bierwolf, Johannes-Gerhard Helmcke und *Angela Randt:* Elektronenmikroskopische Untersuchungen an der zellfrei übertragbaren myeloischen Leukämie der Maus. Acta biol. med. germ. *3,* 608 (1959).

Graffi, Arnold, und *Joachim Gimmy:* Rattenleukosen durch zellfreie Filtrate aus homologem leukämischem Gewebe. Z. Naturforsch. *14b,* 747 (1959).

Graffi, Arnold, Joachim Gimmy und *Fritz Hoffmann:* Zur weiteren immunologischen Charakterisierung des bei Maus und Ratte wirksamen Virus der myeloischen Leukämie. Z. Naturforsch. *14b,* 821 (1959).

Graffi, Arnold: Ein Virus als Ursache myeloischer Leukämien bei der Maus und der Ratte. Acta morphol. Acad. Sci. hung. *9,* 115 (1959).

Bierwolf, Dieter, Arnold Graffi und *Lieselotte Krause:* Elektronenmikroskopische Untersuchungen an mit Polyoma-Virus (Stamm BB-T2) infizierten Gewebekulturen. Vortrag, European Regional Conference on Electron Microscopy, Delft 1960. Proc. Europ. Reg. Conf. on Elektron Microscopy, Bd. *II,* 982, Delft 1960.

Graffi, Arnold: Über die zellfreie Tumorübertragung bei Mäusen und Ratten. Vortrag, 77. Tagung der Dtsch Ges. für Chirurgie, München 1960. Langenbecks Arch. *295,* 40 (1960).

Graffi, Arnold: Über zwei neue onkogene Viren. Vortrag, Max-Planck-Institut für Biochemie, München 1960.

— Experimente zur Frage der Virusbedingtheit bösartiger Geschwülste. Vortrag, Med. Ges. der Bezirke Cottbus-Frankfurt/Oder, Cottbus 1960.

— Experimentelle Untersuchungen zur Virusätiologie maligner Tumoren. Vortrag, Mainzer Med. Ges. Mainz, November 1960. Münchener Med. Wschr. *103,* (1961).

— Untersuchungen zur Virusätiologie der Geschwülste. Vortrag, Med. Wiss. Ges. der Med. Akademie Erfurt 1960.

Graffi, Arnold, Ursula Heine, Johannes-Gerhard Helmcke, Dieter Bierwolf und *Angela Randt:* Über den elektronenmikroskopischen Nachweis von Viruspartikeln bei der myeloischen Leukämie der Maus nach Injektion zellfreier Tumorfiltrate. Klin. Wschr. *38,* 254 (1960).

Graffi, Arnold, und *Dorothea Fritz:* Essais de transmission de la souche BB-T2 du virus de la tumeur parotidienne-polyoma à l'aide d'acides nuclèiques isolés. Rev. franc Etudes clin. biol. *5,* 388 (1960).

Gimmy, Joachim, Fritz Fey und *Arnold Graffi:* Hämatologische und histologische Untersuchungen an Rattenleukosen, die durch zellfreie Filtrate von Mäuseleukämien erzeugt wurden. Arch. Geschwulstforsch. *16,* 118 (1960).

Graffi, Arnold: Neuere Untersuchungen über das Virus der myeloischen Leukämie der Maus. Homburger, F. (Hrsg.): Progreß in Experimental Tumor Research. Verl. S. Karger, Basel/New York Bd. *1,* 112 (1960).

Graffi, Arnold, und *Walter Krischke:* Versuche der zellfreien Übertragbarkeit chemisch induzierter Mäuseleukämien. Acta biol. med. germ. *5,* 299 (1960).

— Über die Eignung von Fluorocarbon für die Anreicherung des Virus der myeloischen Leukämie der Maus. Acta biol. med. germ. *5,* 304 (1960).

Krischke, Walter und *Arnold Graffi:* Über das Vorkommen des Virus der myeloischen Leukämie der Maus in verschiedenen Organen und zu verschiedenen Zeitpunkten nach künstlicher Infektion. Acta biol. med. germ. *5,* 409 (1960).

Graffi, Arnold und *Walter Krischke:* Versuche zur Frage der zellfreien Übertragbarkeit chemisch induzierter Mäuseleukämien. Acta biol. med. germ. *5,* 299 (1960).

Krischke, Walter und *Arnold Graffi:* Untersuchungen zur natürlichen Infektiosität der virusbedingten myeloischen Leukämie der Maus. Acta biol. med germ. *5,* 413 (1960).

Krischke, Walter: Epidemiological problems cancerning the myeloic leukemia of the mouse. Vortrag, European Conference of the U. I. C. C. on Tumor Biology, Warschau 1961.

Pasternak, Günter: Further immunological and biological charakterization of leukemia viruses. Vortrag, European Conference of the U. I. C. C. on Tumor Biology Warschau 1961.

Krischke, Walter, und *Arnold Graffi:* Zur Frage der vertikalen Übertragung des Virus der myeloischen Leukämie der Maus. Arch. Geschwulstforsch. *17,* 217 (1961).

Pasternak, Günter, und *Arnold Graffi:* Versuche zum Nachweis gemeinsamer Antigenkomponenten beim Virus der myeloischen und der lymphatischen Leukämie der Maus. Z. Naturforsch. *16b,* 73 (1961).
Pasternak, Günter, Arnold Graffi und *Lieselotte Baumbach:* Hämagglutinationsversuche mit dem Virus des Polyomastammes BB-T2. Acta biol. med. germ. *6,* 254 (1961).
Bierwolf, Dieter, Arnold Graffi und *Lieselotte Baumbach:* Über den elektronenmikroskopischen Nachweis des Polyomastammes BB-T2. Acta morphol. Acad. Sci. hung. *10,* 357 (1961).
Baumbach, Lieselotte: Versuche zur Kultivierung des Virus der myeloischen Leukämie der Maus. Dissertation — Berlin 1961.
Urbach, Dorothea: Versuche zur Charakterisierung des Polyoma-Virusstammes BB-T2. Dissertation — Berlin 1961.
Gimmy, Joachim, und *Arnold Graffi:* Zur Histologie der durch BB-T2-Polyoma-Virus beim Goldhamster erzeugten Tumoren. Arch. Geschwulstforsch. *18,* 37 (1961).
Graffi, Arnold: Murine tumor viruses. Vortrag, National Institute of Health, Washington, 2. Juni 1961.
— Über Wirkung und Eigenschaften des Virus der myeloischen Leukämie der Maus. Vortrag, Sloan Kettering Institute, New York, 5. Juni 1961.
— Über die neuen Polyoma-Virusstämme BB/T2 und BB/T3 und deren Wirkung auf Ratte, Maus, Hamster und Kaninchen. Vortrag, Rai-Institute Sloan-Kettering New York 6. Juni 1961.
— Über die virusinduzierte Chloroleukämie der Maus. Vortrag, Institute for Cancer Research Philadelphia, 14. Juni 1961.
— Leukemia virus studies. Vortrag, University of Minneapolis, Medical School, Minneapolis, 16. Juni 1961.
— Über Wirkung und Eigenschaften zweier neuer Polyoma-Virusstämme (BB/T2 und BB/T3). Vortrag, Michael Reese Hospital, Med. Res. Inst. Chicago, 19. Juni 1961.
Pasternak, Günter, und *Fritz Fey:* Untersuchungen über Beziehungen zwischen den Viren der myeloischen und lymphatischen Leukämie der Maus. Acta biol. med. germ. 7, 306 (1961).

Stoffwechsel der Tumoren

Graffi, Arnold, und *Ernst Johannes Schneider:* Über die Beziehungen der Mitochondrien zur anaeroben Glykolyse. Naturwissenschaften *43,* 376 (1956).
Graffi, Arnold, Ernst-Johannes Schneider und *Günter Sydow:* Stimulierung der anaeroben Glykolyse durch das Virus der Hühnermyeloblastose. Naturwissenschaften *43,* 472 (1956).
Bielka, Heinz: Experimentelle Untersuchungen über Beziehungen zwischen Stoffwechsel und Wachstum von Geschwulstzellen. Dissertation — Berlin 1956.

Graffi, Arnold, und *Ernst Johannes Schneider:* Die Mitochondrien als wichtige Regulatoren der anaeroben Glykolyse. Z. ärztl. Fortb. *50,* 760 (1956).

Täufel, Kurt, Arnold Graffi und *Antonie Pisarzewski:* Citronensäuresynthese im Tumorgewebe. Naturwissenschaften *43,* 356 (1956).

Graffi, Arnold, Ernst Johannes Schneider, und *Günter Sydow:* Über die mögliche Bedeutung der strukturgebundenen ATPase bei regenerativen Wachstumsvorgängen und der malignen Entartung. Z. ärztl. Fortb. *50,* 1026 (1956).

Graffi, Arnold, Ernst Johannes Schneider, Günter Sydow und *Liselotte Venker:* Zur Analyse der Glykolysestimulierung durch Mitochondrien. Z. ärztl. Fortb. *51,* 115 (1957).

— Untersuchungen über den Mechanismus der Glykolysestimulierung durch Mitochondrien. Naturwissenschaften *44,* 66 (1957).

Schneider, Ernst Johannes, Arnold Graffi, Heinz Bielka, und *Liselotte Venker:* Weitere Untersuchungen über die Beziehung zwischen Mitochondrien und Glykolyse. Naturwissenschaften *44,* 446 (1957).

Bielka, Heinz: Über Beziehungen zwischen Stoffwechsel und Wachstum von Tumoren. Acta biol. med. germ. *1,* 61 (1958).

Graetz, Helene, Heinz Bielka und *Erwin Negelein:* Versuche über Wachstumsbedingungen für die Ehrlichsche Mäuseascites-Carcinomzelle in vitro. Acta biol. med. germ. *1,* 379 (1958).

Schneider, Ernst Johannes: Über die Beeinflussung der Glykolyse durch Mitochondrien. Vortrag, Tagung der Gesellschaft für Physiol. Chemie, Berlin 23.—26. September 1959.

Pisarzewski, Antonie, Kurt Täufel und *Arnold Graffi:* Untersuchungen über die Citronensäuresynthese in vitro in normalen und bösartigen Geweben. Acta biol. med. germ. *2,* 303 (1959).

— Einfluß der Gewebe-Konzentration auf die Citronensäure-Synthese in vitro. Acta biol. med. germ. *3,* 136 (1959).

Graffi, Arnold, Günter Sydow, Ernst Johannes Schneider und *Anneliese Dähne:* Anaerober Brenztraubensäureschwund durch Einwirkung von Mitochondrien aus normalen und malignen Geweben. Naturwissenschaften *46,* 560 (1959).

Schneider, Ernst Johannes, Arnold Graffi, Günter Sydow und *Anneliese Dähne:* Einige Untersuchungen über den möglichen Mechanismus des anaeroben Brenztraubensäureschwundes durch Einwirkung von Mitochondrien. Acta biol. med. germ. *3,* 284 (1959).

Graffi, Arnold, Antonie Pisarzewski, und Günter Sydow: Die oxydative Phosphorylierung und Atmung in Mitochondrien aus normalen und carcinogen geschädigten Lebergeweben der Ratte sowie aus Leber-Carcinom. Acta biol. med. germ. *5,* 307 (1960).

Graffi, Arnold, und *Antonie Pisarzewski:* Einfluß verschiedener Zusätze auf die Atmung und oxydative Phosphorylierung in Mitochondrien aus normalen und malignen Geweben. Acta biol. med. germ. *5,* 311 (1960).

Schneider, Ernst Johannes, und *Arnold Graffi:* Über einige Stoffwechseleigenschaften der durch das BB-T2-Polyoma-Virus bei Ratte und Hamster induzierten Tumoren. Acta biol. med. germ. 7, 62—74 (1961).

Pisarzewski, Antonie, und *Arnold Graffi:* Oxidative phosphorylation and respiration of mitochondria from normal, with carcinogen and malignant tissues. Vortrag, 5. Biochemiker-Kongreß, Moskau 10.—16. August 1961.

Bielka, Heinz: Some metabolic and chemical characteristica of virus-induced leukemic leukocytes. Vortrag, 5. Biochemiker-Kongreß, Moskau 10.—16. August 1961,

Metastasierung

Krischke, Walter: Über eine neue Applikationsweise tierischer Impfgeschwülste für therapeutische Serienuntersuchungen. (Beitrag zur Frage des Mechanismus und der experimentellen Beeinflussung der Tumorbildung). Dissertation — Berlin 1954.

Bielka, Heinz: Experimentelle Untersuchungen über Beziehungen zwischen der Metastasierung des Ehrlich-Ascites-Carcinoms und Sexualhormonen. Diplomarbeit — Berlin 1954.

Schmidt, Ferdinand: Über ein neues Prinzip der Tumorübertragung: Transplantation durch Aspiration von Geschwulstzellen und deren Bedeutung für das Problem der intrakanalikulären Kerbsmetastasierung. Arch. Geschwulstforsch. *6,* 118 (1954).

Barton, Helmut, Walter Krischke, Friedrich Jung, und *Arnold Graffi:* Die Wirkung des 1-Isopropyl-5-methylazulen auf Stoffwechsel, Wachstum und Metastasierung des Mäuse-Ascites-Carcinoms. Arch. exp. Pathol. Pharmakol. *225,* 260 (1955).

Horn, Karl Heinz: Experimentelle Untersuchungen zum Mechanismus der Metastasierung. Diplomarbeit — Berlin 1955.

Krischke, Walter, Maria Hoffmann, Arnold Graffi, und *Inge Schneiders:* Experimentelle Untersuchungen zur Beeinflussung hämatogener Metastasenbildungen durch Überwärmungstherapie. Lampert-Selawry: Körpereigene Abwehr und bösartige Geschwülste. K. F. Haug-Verl., S. 53—58, Ulm 1957.

Krischke, Walter: Methode zur experimentellen Erzeugung von Metastasen für Serienversuche. Acta biol. med. germ. *1,* 321 (1958).

Bielka, Heinz: Einfluß von Steroidhormonen auf die Metastasierung des Ehrlich-Ascites-Carcinoms. Wiss. Z. Karl-Marx-Univ. Leipzig *8,* 415 (1958/59).

Horn, Karl-Heinz: Experimentelle Untersuchungen zum Mechanismus der Metastasierung. Wiss. Z. Karl-Marx-Univ. Leipzig 8, 421 (1958/59).

Krischke, Walter: Abhängigkeit der Metastasierung nach intravenöser Injektion von Ascites-Tumorzellen von verschiedenen biologischen Bedingungen. Acta biol. med. germ. *2,* 359 (1959).

Krischke, Walter: Zur Abhängigkeit der Metastasenbildung nach intravenöser Injektion von Zellen des Ehrlich-Ascites-Carcinoms in ihrer Abhängigkeit von der Zeit. Acta biol. med. germ. *3*, 240 (1959).

— Zur Abhängigkeit der experimentellen Metastasierung von der Zellzahl, Applikationsweise und Tumorart. Acta biol. med. germ. *3*, 250 (1959).

— Verteilung gefärbter Ascitestumorzellen im Organismus nach intravenöser bzw. intracardialer Injektion bei der Maus. Ein Beitrag zur experimentellen Metastasierung. Acta biol. med. germ. *4*, 55 (1960).

— Beeinflussung der Metastasenbildung nach intravenöser Injektion von Tumorascites-zellen bei der Maus durch zusätzliche Behandlung. I. Acta biol. med. germ. *4*, 39 (1960).

— Beeinflussung der Metastasenbildung nach intravenöser Injektion von Tumorascites-zellen bei der Maus durch zusätzliche Behandlung II. Acta biol. med. germ. *4*, 539 (1960).

Photodynamischer Effekt

Kriegel, Heinz: Die photosensibilisierende Wirkung verschiedener cancerogener und nicht-cancerogener Kohlenwasserstoffe auf die Hefezellen. Dissertation — Berlin 1953.

Graffi, Arnold, Heinz Kriegel, Hans Schreiber und *Friedrich Windisch:* Die photosensibilisierende Wirkung verschiedener cancerogener und nicht-cancerogener Kohlenwasserstoffe auf die Hefezellen. Z. Naturforsch. *8b*, 142 (1953).

Graffi, Arnold, Heinz Kriegel, Ernst Johannes Schneider und *Günter Sydow:* Über die photodynamische Wirkung des Benzpyrens auf einzelne Fermente der Lebermitochondrien der Ratte. Naturwissenschaften *40*, 414 (1953).

— Zur Abhängigkeit des photodynamischen Effektes vom molekularen Sauerstoff. Naturwissenschaften *40*, 415 (1953).

Windisch, Friedrich, Walter Heumann, Heinz Kriegel und *Arnold Graffi:* Untersuchungen an Hefezellen über die Abhängigkeit des photodynamischen Effektes vom molekularen Sauerstoff. Z. Naturforsch. *8b*, 673 (1953).

Graffi, Arnold, Inge Graffi, Heinz Kriegel, Friedrich Windisch und *Peter Schwensow:* Über die Abhängigkeit der photodynamischen Wirkung von der Intensität der UV-Bestrahlung. Experienta *10*, 68 (1954).

Graffi, Arnold, Heinz Kriegel, Ernst Johannes Schneider, Günter Sydow, Vera Beyer, Ingeborg Guse und *Liselotte Kügler:* Versuche über die photodynamische Wirkung des Benzpyrens auf einige Mitochondrienfermente der Rattenleber. Arch. Geschwulstforsch. *6*, 226 (1954).

Graffi, Inge: Über die Abhängigkeit des photodynamischen Effektes von der Intensität der UV-Bestrahlung und der Konzentration des Photosensibilisators. Dissertation — Berlin 1955.

Schneider, Ernst Johannes, Günter Sydow, Arnold Graffi und *Heinz Kriegel:* Über die Abhängigkeit des photodynamischen Effektes auf einige Mitochondrienfermente von der Intensität der Strahlung. Naturwissenschaften *42,* 560 (1955).

Graffi, Arnold: Untersuchungen über den photodynamischen Effekt. Vortrag, Physiologische Gesellschaft, Berlin 1955.

Geißler, Erhard: Voruntersuchungen für eine Analyse des photodynamischen Effektes auf Hefezellen: Zur Frage der Deutung cytoplasmatischer Granula der Mikroorganismen und der Unterscheidung lebender und toter Hefezellen. Diplomarbeit — Berlin 1955.

Herforth, Lieselott, und *Heinz Kriegel:* Über die Einwirkung von langwelligem UV-Licht auf die Fluoreszenz cancerogener Kohlenwasserstoffe in verschiedenen Lösungsmitteln. Jubiläumsband Inst. Strahlenforsch., Thieme-Verl., S. 297, Leipzig 1956.

Schneider, Ernst-Johannes, Arnold Graffi und *Inge Beykirch:* Über photochemische Reaktionen zwischen 3,4-Benzpyren und Trichloressigsäure. Jubiläumsband Inst. Strahlenforsch., Thieme-Verl S. 288, Leipzig 1956.

Kriegel, Heinz, und *Lieselott Herforth:* Über die Einwirkung von langwelligem UV-Licht auf die Fluoreszenz cancerogener Kohlenwasserstoffe in verschiedenen Lösungsmitteln. 2. Mitt.: Das Fluoreszenzverhalten der Lösungen bei verschiedenen Bestrahlungsintensitäten. Z. Naturforsch. *12b,* 41 (1957).

Mönig, Hans und *Heinz Kriegel:* Die Einwirkung von UV-Strahlung auf cancerogene Kohlenwasserstofflösungen bei Zusatz von Benzoylperoxyd. Naturwissenschaften *44,* 115 (1957).

Geißler, Erhard: Versuche zur weiteren Charakterisierung des photodynamischen Effekts. Vortrag, Arbeitstagung Biophysik, Oberhof Oktober 1958. Probleme und Ergebnisse aus Biophysik und Strahlenbiologie II, Akademie-Verl. Berlin, S. 185—196 1960.

— Zur vergleichenden Analyse der Wirkung ionisierender und ultravioletter Strahlen, unphysiologisch hoher Temperaturen sowie des photodynamischen Effekts auf Mikroorganismen. Vortrag, „Symposium on the effects of ionizing radiation and the application of radioisotopes in biology and medicine“, Prag, Oktober 1958. Strahlentherapie *110,* 192 (1959).

Fritz, Dorothea, und *Arnold Graffi:* Über die Wirkung des photodynamischen Effektes auf *Chromobacterium violaceum.* Naturwissenschaften *45,* 321 (1958).

Geißler, Erhard: Über eine Aufhebung des photodynamischen Effektes bei Bestrahlung auf Agar. Naturwissenschaften *46,* 19 (1959).

— Über die Bedeutung des Strahlungsmilieus beim photodynamischen Effekt. Vortrag, 9. Internationaler Kongreß für Radiologie, München, Juli 1959. Internat. J. Radiation Biol. *2,* 91 (1960).

— Über die Reaktivierbarkeit photodynamisch inaktivierter Hefezellen mit Natriumazid. Naturwissenschaften *46,* 88 (1959).

Geißler, Erhard: Versuche zur Analyse der Schutzwirkung von Agar-Agar beim photodynamischen Effekt. Naturwissenschaften *46,* 376 (1959).
— Versuche über den Agar-Schutzeffekt bei der photodynamischen Behandlung von Hefezellen mit ultravioletten Strahlen, Berberinsulfat und Pyren. Acta biol. med. germ. *2,* 666 (1959).
— Zur Unterscheidung von Außen- und Innenwirkung beim photodynamischen Effekt. Acta biol. med. germ. *3,* 96 (1959).
— Untersuchungen zur Charakterisierung des Mechanismus des photodynamischen Effekts von 3,4-Benzpyren und ultravioletten Strahlen auf Hefezellen. Dissertation — Berlin 1959.

Genetik

Lüers, Herbert, und *Rudolf Borchert:* Experiments on the Induction of mutations by visible light. Dros. Inf.-Serv. *23,* 92 (1949).
Belitz, Hans Joachim: Zur Phänologie und Genetik eines neuen Farbmusters *(Nigrocaudatus)* bei *Lebistes resicutatus.* Diplomarbeit — Berlin 1950.
Lindigkeit, Ruth: Untersuchungen über das Penicillinbildungsvermögen von *Penicillium* unter Berücksichtigung genetischer Fragestellungen. Diplomarbeit — Berlin 1950.
Lüers, Herbert: Über genetische Versuche mit Kontaktinsektiziden an *Drosophila.* Moderne Biologie (Festschrift Nachtsheim) S. 198—204. Peters-Verl. Berlin 1950.
— Raising *Drosophila* on a medium containing DDT. Dros. Inf.-Serv., *24,* 86 (1950).
Bochnig, Veronika: Untersuchungen zur Frage der Resistenz gegenüber DDT an verschiedenen Stämmen von *Drosophila melanogaster.* Diplomarbeit — Berlin 1951.
— The mode of inheritance of DDT resistance in *Drosophila. Dros.* Inf.-Serv., *26,* 91 bis 92 (1952).
Lüers, Herbert: Zum Problem der Resistenz gegenüber Kontaktinsektiziden. Wiss. Ann. *1,* 461—524 (1952).
— The mutagenic action of a nitrogen mustard compound fed to imagines. Dros. Inf.-Serv. *26,* 108—109 (1952).
Wieczorek, Helmut: A new etherizing bottle. Dros. Inf.-Serv., *26,* 135 (1952).
Belitz, Hans-Joachim: Vererbungsprobleme bei Aquarienfischen. Wiss. Ann. *2,* 570—575 (1953).
— Genetische Analyse spontaner und induzierter Mutationen des X-Chromosoms von *Drosophila melanogaster.* Dissertation — Berlin 1953. Ind. Abst. u. Vererbungslehre, *86,* 173—184 (1954).
Bochnig, Veronika: Genetische Untersuchungen zur DDT-Resistenz an *Drosophila melanogaster.* Dissertation — Berlin 1953. Ind. Abst. u. Vererbungslehre, *86,* 185 bis 209 (1954).

Lüers, Herbert: Untersuchung zur Frage der Mutagenität des Kontaktsinsektizids DDT an *Drosophila melanogaster*. Naturwissenschaften. *40*, 293 (1953).

— Untersuchung über die Mutagenität des Triäthylenmelamin (TEM) an *Drosophila melanogaster*. Arch. Geschwulstforsch. *6*, 77—83 (1953).

Lüers, Herbert, und *Hans Ulrich:* Genetik und Evolutionsforschung bei Tieren. Heberer, Die Evolution der Organismen, S. 554—661, 2. Aufl. 1954.

Lüers, Herbert: Das Resistenzproblem in der Insektizidanwendung. Eichler, Insektizide, S. 311—313, Verl. Volk u. Gesundheit, Berlin 1954.

Röhrborn, Gunter: Beitrag zur Frage der Induktion melanotischer Bildungen bei *Drosophila melanogaster*. Diplomarbeit — Berlin 1955.

Fritz, Dorothea: Über die Einwirkung mutagener und cancerogener Noxen auf *Chromobakterium violaceum*. Diplomarbeit — Berlin 1956.

Graffi, Arnold, und *Dorothea Fritz:* Über die Wirkung cancerogener Kohlenwasserstoffe auf *Chromobacterium violaceum*. Naturwissenschaften *45*, 320 (1958).

Geißler, Erhard: Über den Einfluß von 3,4-Benzypren auf den Sprossungsrhythmus von Hefezellen. Arch. Mikrobiol. *35*, 147 (1960).

— Mikrobengenetik und Krebsforschung. Vortrag, Institut für Genetik Berlin-Dahlem, 1961.

— Lysogenie und Krebsforschung. Vortrag, Onkologische Tage, Bratislava, 29.—30. September 1961.

Verschiedenes

Lüers, Herbert: Eckhart Rotmann (Nachruf) Ärztl. Forsch. *4*, 661 (1950).

Lüers, Thea: Über fronto-thalamische Syndrome bei der Pickschen Krankheit. Dtsch. Z. Nervenhk. *164*, 179—198 (1950).

— Fragen des Alters und der Verjüngung. Die Umschau, 50, (1950).

— Zur Morphogenese menschlicher Hirngeschwülste in der Frühphase. Arch. Geschwulstforsch. *3*, 44—66 (1951).

Graffi, Arnold: Zur intrazellulären Verteilung des antidiuretischen Hypophysenhinterlappenhormons. Arch. Geschwulstforsch. *3*, 222 (1951).

Graffi, Arnold, und *Walter Hebekerl:* Untersuchungen über die chemische Zusammensetzung und das biochemische Verhalten der präformierten Zellbestandteile der Schilddrüse. Arch. Geschwulstforsch. *4*, 349 (1952).

Tabat-Krüger, Annemarie: Die Gewebezüchtung. Wiss. Ann. *1*, 93 (1952).

Lüers, Thea: Hirnentwicklung und Menschwerdung. Die Umschau *52*, 499—501 (1952).

— Veränderungen des Charakters und der Persönlichkeit bei der Pickschen Krankheit. Die Umschau *53*, 33—34 (1953).

Lüers, Thea: Über Farbgeschwülste. Wiss. Ann. *2,* 193—202 (1953).

— Über diffuse Gliome des Gehirns unter besonderer Berücksichtigung allgemeiner Geschwulstfragen. Arch. Geschwulstforsch. *5,* 220—245 (1953).

Lüers, Thea, Hildegard Köpf und *Herbert Lüers:* Über Nervenzellveränderungen bei *Drosophila* nach E-605-Vergiftung. Biol. Zbl. *72,* 478 (1953).

Langer, Helmut: Beitrag zum chemischen Aufbau des Pankreas der weißen Maus. Diplomarbeit — Berlin 1953.

— Beitrag zum chemischen Aufbau des Pankreas der weißen Maus im Hunger und während der Restitution des Sekrets. Dissertation — Berlin 1953.

Graffi, Arnold, Heinz Parchwitz und *Ernst Johannes Schneider:* Untersuchungen über Pflanzentumoren. 3. Mitt.: Cytochrom-Brenzkatechinoxydase-Aktivität in pflanzlichen Geschwülsten und Normalgeweben. Arch. Geschwulstforsch. *7,* 23 (1954).

Parchwitz, Heinz, Arnold Graffi und *Ernst Johannes Schneider:* Untersuchungen über Pflanzentumoren. 4. Mitt.: Zur Frage der Stärkebildung in normalen Assimilationsorganen und Tumororganoiden von *Datura metel.* Arch. Geschwulstforsch. *7,* 28 (1954).

Lüers, Thea, Hildegard Köpf und *Herbert Lüers:* Über Nervenzellveränderungen bei *Drosophila* nach DDT-Vergiftung. Biol. Zbl. *73,* 203—212 (1954).

Lüers, Thea, und *Herbert Lüers:* Über eine Segmentierungshemmung der neutrophilen Leukozyten bei Mongolismus. Ärztl. Forsch. *8,* 263 (1954).

Lüers, Thea, Herbert Lüers und *Hugo Spatz:* Die Picksche Krankheit. Henke-Lubarsch: Handb. d. spez. patholog. Anatomie u. Histologie d. Menschen, Springer-Verl., Berlin 1954.

Lüers, Thea, Hildegard Köpf, Veronika Bochnig und *Herbert Lüers:* Vergleichend histologische Untersuchungen am Zentralnervensystem DDT-resistenter und sensibler Stämme von *Drosophila melanogaster* nach DDT-Einwirkung. Verhandl. Dtsch. Zoolog. Ges., Tübingen, S. 408—412, 1954.

Lüers, Thea, und *Hildegard Köpf:* Histologische Untersuchungen am Zentralnervensystem von *Drosophila* und *Musca* nach Hexachlorcyclohexanvergiftung. Z. Naturforsch. *10 b,* 588—590 (1955).

Langer, Helmut, und *Arnold Graffi:* Beitrag zum chemischen Aufbau des Pankreas der weißen Maus im Hunger und während der Restitution des Sekrets. Z. Physiol. Chem. *299,* 139 (1955).

Geißler, Erhard: Über die Unterscheidung lebender und toter Hefezellen durch Fluorochromierung mit Berberinsulfat. Naturwissenschaften *42,* 372 (1955).

Kriegel, Heinz: Die Induktionswirkung fixierter Oocytenkerne bei *Triton alpestris.* Ein experimenteller Beitrag zu den Problemen d. Entwicklungsphysiologie. Vortrag, Biologisches Institut, Akad. Wiss., Prag 1956.

— Biologische Probleme der experimentellen Krebsforschung. Vortrag, Zoologisches Institut Universität Greifswald 1956.

Hertweck, Heinrich: Die Entstehung induzierter Pseudotumoren bei *Drosophila melanogaster* Naturwissenschaften *23,* 539 (1956).

— *Drosophila* und Krebsforschung. Wiss. Ann. *6,* 331—337 (1957).

Brunk, Ruth: Zur Ätiologie und Histogenese von Fischtumoren. Diplomarbeit — Berlin 1957.

Heine, Ursula: Zur Frage der Feinstruktur der Tumorzelle im Vergleich zur normalen Zelle. Vortrag, Tagung der Med.-Naturw. Ges., Jena (1957).

Köpf, Hildegard: Über Neurosekretion bei *Drosophila.* 1. Zur Topographie und Morphologie neurosekretorischen Zentren bei der Imago von *Drosophila.* Biol. Zbl. *76,* 28—42 (1957).

— Beitrag zur Topographie und Histologie neurosekretorischer Zentren bei *Drosophila* II. Larven- und Puppenstadien. Vortrag, Dtsch. Zool. Ges., Graz 1957.

Heine, Ursula, und *Erika Parchwitz:* Explantationsversuche am Herzen und an der Haut verschieden alter Mäuse. Arch. Geschwulstforsch. *11,* 111 (1957).

Spode, Ernst, und *Heinz Kriegel:* Beeinflussung der Bactericidie des Blutes durch optische Strahlen. 1. Mitt.: Effekt bei Einzelbestrahlungen. Strahlentherapie *103,* 140 (1957).

Kriegel, Heinz, und *Ernst Spode:* Beeinflussung der Bactericidie des Blutes durch optische Strahlen. 2. Mitt.: Effekt bei Einzelbestrahlungen. Strahlentherapie *103,* 145 (1957).

Heine, Ursula, und *Ingrid Schulz:* Untersuchungen zur Frage einer Cancerisierung in vitro. Ärztl. Forsch. *11,* I/57 (1957).

Heine, Ursula, Arnold Graffi, Johannes-Gerhard Helmcke und *Angela Randt:* Elektronenmikroskopische Untersuchungen an normalen Zellen und Tumorzellen der Rattenleber. Z. ärztl. Fortb. *51,* 648 (1957).

Gradel, Anneliese: Untersuchungen über die physiologische Wirksamkeit zweier oberflächenaktiver Fettsäure-Glucoside im Hinblick auf das Tumorproblem Diplomarbeit — Berlin 1957.

Ulsperger, Ernst, M. Bock und *Anneliese Gradel:* Synthesen nichtionogener, grenzflächenaktiver Stoffe auf dem Gebiet der Kohlenhydrat-Chemie. Fette, Seifen, Anstrichmittel *60,* 819—826 (1958).

Bielka, Heinz: Lokalisation und Bedeutung der Zellfermente. Vortrag, Lehrgang ärztl. Fortbildung im Krankenhaus Friedrichshain, Berlin 1958.

Fey, Fritz: Das weiße Blutbild normaler Mäuse des Stammes Agnes Bluhm (AB). Folia Haematologica *75,* 451 (1958).

Butschak, Günter: Biochemische und elektronenmikroskopische Untersuchungen an frühen Embryonalstadien und Organen erwachsener Tiere von *Triturus vulgaris* und *Ambystoma mexicanum.* Diplomarbeit — Berlin 1958.

— Inkorporation von Aminosäuren in Amphibien. Vortrag, Tagung der Gesellschaft für Physiol. Chemie, Kiel 1959.

Fey, Fritz, und *Lieselotte Krüger:* Phasenkontrastuntersuchungen über die Bewegungsformen von Amphibien-Leukozyten. Acta biol. med. germ. *2,* 388 (1959).

Fuchs, Ulrich, und *Fritz Hoffmann:* Inkubationsversuche von Mäuseascitestumorzellen mit isologen Immun-Seren und Homogenaten lymphatischer Organe. Acta biol. med. germ. *2,* 378 (1959).

Horn, Karl-Heinz: „Nährkonzentrat“, ein Standardfutter für kleine Laboratoriumstiere. Pharmazie *14,* 274 (1959).

Pasternak, Günter: Untersuchungen über Antigeneigenschaften des Ehrlich-Karzinoms der Maus. Dissertation — Berlin 1959.

— Immunologische Untersuchungen an Virusleukosen der Maus; Antigeneigenschaften von Nukleoproteiden und Nukleinsäuren. Vortrag, Onkolog. Institut, Brno und Onkolog. Institut Bratislava, September 1960.

Pasternak, Günter, Fritz Hoffmann, Heinz Bielka und *Lieselotte Venker:* Untersuchungen zur Frage der antigenen Eigenschaften von Nukleinsäuren. Pathol. Microbiol. (Basel) *23*, 392 (1960).

Pasternak, Günter: Immunologische Untersuchungen mit Nukleoproteiden aus subzellulären Fraktionen des Ehrlich-Carcinoms der Maus. Acta biol. med. germ. *4*, 550 (1960).

Bielka, Heinz: Zusammenfassender Bericht über das „Berliner Symposion über Fragen der Karzinogenese". Dtsch. Ges.wesen *15*, 985, 1036 (1960).

Butschak, Günter: Elektromikroskopische Untersuchungen der Feinstrukturen des Zytoplasmas früher Embryonalstadien von *Ambystoma mexicanum.* Acta biol. med. germ. *5*, 83 (1960)

Horn, Karl-Heinz: Experimentelle Untersuchungen zum Problem der Geschwulstresistenz. Dissertation — Berlin 1960.

Schramm, Tilo: Einfluß von Fettsäuren auf die Carcinogenese. Dissertation — Berlin 1960.

Graffi, Arnold: Research Report 1949—1959 of the Department for Biological Research on Cancer. Folia biologica *6*, 383 (1960).

Butschak, Günter: Incorporation experiments with ^{14}C labelled amino acids in different developmental stages of *Triturus vulgaris.* Folia biologica *6*, 348 (1960).

Fey, Fritz: Cytochemische Untersuchungen an Selachier-Blutzellen. Naturwissenschaften *47*, 604 (1960).

Hertweck, Heinrich: Notes on the formation of a red eye pigment in the malpighian tubules and fat body in *Drosophila melanogaster.* Folia biologica *6*, 293—296 (1960).

Bierwolf, Dieter: Die Zelle im Elektronenmikroskop. Wissenschaft und Fortschritt *11*, 229—234 (1961).

INSTITUT FÜR PHARMAKOLOGIE

Eiweißforschung

Pharmakologisch-biochemische Arbeiten

- Hauttransplantationen
- Azulene
- Diuretika
- Peptide

Chemotherapie des Krebses (einschließlich synthetischer Arbeiten)

Erythrozytenstoffwechsel (einschließlich Hämolyse)

Struktur und Funktion von Geweben und Zellen

Magnetochemie

Forschungsmethodik

Verschiedenes

● gemeinsam mit dem Institut für Pharmakologie und Toxikologie der Humboldt-Universität-Berlin

Eiweißforschung

Jung, Friedrich: Über die Bedeutung des normalen Hämoglobins im Blut. Dtsch. Ges.wesen *6*, 868 (1951).

Jung, Friedrich, und *Klaus Konitzer:* Sichelbildung aus normalen menschlichen Blutzellen. Klin. Wschr. *29*, 520 (1951).

Jung, Friedrich, und *Robert Kuon:* Zum inaktiven Hämoglobin des Blutes. Arch. exp. Pathol. Pharmakol. *214*, 103 (1951).

Schmidt, K.: Die Wirkung von Silberionen auf Eiweiße, besonders auf die SH-Gruppen der Eiweißmoleküle. Dissertation — Berlin 1952.

Scheler, Werner: Intermolekulare Reaktion beim Hämoglobin, Arch. exp. Pathol. Pharmakol. *218*, 90 (1953).

— Besonderheiten der Sauerstoffbindungskurve des Hämoglobins. Kolloquium am 29. Oktober 1952. Dtsch. Ges.wesen *8*, 182 (1953).

— Probleme der Physikalischen Chemie des Methämoglobins. Kolloquium am 16. Dezember 1953. Dtsch. Ges.wesen *9*, 321 (1954).

Scheler, Werner, und *Friedrich Jung:* Zur Häm-Häm-Wechselwirkung beim roten Blutfarbstoff. Arch. exp. Pathol. Pharmakol. *221*, 152 (1954).

Scheler, Werner, Ingeborg Fischbach und *Friedrich Jung:* Hämoglobinstudien. II. Mitt. Über das Gleichgewicht zwischen Methämoglobin und Stickstoffwasserstoffsäure. Biochem. Z. *325*, 258 (1954).

Scheler, Werner, Friedrich Jung und *Karl-Heinz Hoffmann:* Hämoglobinstudien. III. Mitt. Über den Einfluß der Wasserstoffionenkonzentration auf einige Gleichgewichte des Methämoglobins. Biochem. Z, *325*, 401 (1954).

Scheler, Werner: Dissoziationskonstanten und Lichtabsorption einiger Verbindungen des Metmyoglobins und des Chironomus-Methämoglobins. Naturwissenschaften *41*, 501 (1954).

Scheler, Werner, und Friedrich Jung: Hämoglobinstudien. IV. Mitt. Über die Temperaturabhängigkeit der Reaktionsgleichgewichte einiger Methämoglobinverbindungen Biochem. Z. *325*, 515 (1954).

Banaschak, Horst: Einfluß des Harnstoffs auf das Hämoglobin. Dissertation — Berlin 1955.

Scheler, Werner, Anneliese Salewski und *Friedrich Jung:* Hämoglobinstudien. V. Mitt. Über einige neue Methämoglobinverbindungen. Biochem. Z. *326*, 288 (1955).

Scheler, Werner, Käthe Scheler und *Friedrich* Jung: Hämoglobinstudien. VI. Mitt. Über die Umsetzung zwischen Formaldehyd und Methämoglobin. Biochem. Z. *326*, 295 (1955).

Scheler, Werner, Ingeborg Fischbach und *Friedrich Jung:* Hämoglobinstudien. VII. Mitt. Vergleichende Untersuchung der thermischen Denaturierung des Methämoglobins und einiger Methämoglobinkomplexe. Biochem. Z. *326*, 358 (1955).

Scheler, Werner, und *Lothar Wallis:* Zur Natur von Methämoglobin-Verbindungen. Arch. exp. Pathol. Pharmakol. *225*, 187 (1955).

Scheler, Werner: Zur Analyse der pH-Abhängigkeit von Methämoglobingleichgewichten. Wiss. Z. Univ. Jena *5*, 297 (1955/56).

Banaschak, Horst, und *Friedrich Jung:* Hämoglobinstudien. VIII. Mitt. Über weitere Derivate des Methämoglobins. Biochem. Z. *327*, 515 (1956).

— Hämoglobinstudien. IX. Mitt. Über den Einfluß von Harnstoff auf Methämoglobin. Biochem. Z. *328*, 101 (1956).

Jung, Friedrich: Zur physikalischen Chemie des Hämoglobins. Vortrag Abh. dtsch. Akad. Wiss. Berlin. Kl. med. Wiss. Nr. *5*, (1955).

Scheler, Werner: Der Einfluß der Eiweißkomponente bei Gleichgewichten des Methämoglobins verschiedener Tiere. Vortrag, III. Internat. Kongreß für Biochemie, Brüssel (1955).

— Zur Struktur von Hämatinkomplexen. Kolloquium am 26. Januar 1955. Dtsch. Ges.wesen *11*, 388 (1955).

— Über Hämatinkomplexe. Berliner Physiologische Gesellschaft 1955, Vortrag. Klin. Wschr. *34*, (1956).

— Vergleichende Chemie von Hämoproteiden. Kolloquium am 5. Oktober 1955. Dtsch. Ges.wesen *11*, 1400 (1956).

— Der Einfluß der Eiweißkomponente auf Eigenschaften und Struktur von Methämoglobinverbindungen. Habilitation — Berlin 1956.

Siegel, D.: Einige Untersuchungen über die Reaktionsgleichgewichte bei der Bindung von Imidazol an Hämatin. Dissertation — Berlin 1956.

Franz. H.: Über den Einfluß höherer Alkohole auf Gleichgewichte des Methämoglobins. Dissertation — Berlin 1956.

Scheler, Werner, Georg Schoffa und *Friedrich Jung: Über* Zusammenhänge zwischen Lichtabsorption und paramagnetischer Suszeptibilität bei Methämoglobin-Komplexen. Naturwissenschaften *43*, 159 (1956).

Scheler, Werner: Über die Komplexaffinität des Eisens in Hämoproteiden (Methämoglobinen, Metmyoglobin). Wiss. Z. Humboldt-Univ. Berlin, Math. naturwiss. Reihe 7, 223 (1957/58).

Jung, Friedrich, Horst Ankermann und *Werner Scheler:* Hämoglobinstudien X. Über den Einfluß von Alkoholen auf Gleichgewichte des Methämoglobins. Biochem. Z. *328*, 328 (1956).

Scheler, Werner, Georg Schoffa und *Friedrich Jung:* Hämoglobinstudien XI. Mitt. Über Anhydro-Derivate verschiedener Hämoproteide. Biochem. Z. *329*, 83 (1957).

Jung, Friedrich: Hämoglobinstudien. XII. Mitt. Kinetische Studien am Methämoglobin (Methodik und orientierende Versuche) Biochem. Z. *329*, 155 (1957).

Scheler, Werner, und *Friedrich Jung:* Die Bindung von Stickstoffbasen und Cyanid an Hämatin. Biochem. Z. *329*, 222 (1957).

Scheler, Werner, Georg Schoffa und *Friedrich Jung:* Lichtabsorption und paramagnetische Suszeptibilität bei Derivaten des Pferde- und Chironomus-Methämoglobins sowie des Pferde-Metmyoglobins. Biochem. Z. *329*, 232 (1957).

Schoffa, Georg, und *Werner Scheler:* Magnetische Untersuchungen über zwei energetische Formen des Hämins und des Hämatins. Naturwissenschaften *44*, 464 (1957).

Scheler, Werner: Milieubedingte Eigenschaften des Hämoglobins. Folia haematol. *75*, 252 (1957).

— Der Einfluß der Proteinkomponente auf Eigenschaften der prosthetischen Gruppe bei Hämoproteiden. Vortrag, Hauptjahrestagung der Chem. Ges., Leipzig, Oktober 1956. Neuere Entwicklung auf dem Gebiet der Theorie und Praxis der Hochpolymeren. Sonderheft S. 79 (1957).

Scheler, Werner, Georg Schoffa und *Friedrich Jung:* Über Umsetzung des Anhydro-Methämoglobins. Acta biol. med. germ. *1*, 32 (1958).

Scheler, Werner, und *Ingeborg Fischbach:* Über Eigenschaften des Chironomus-Methämoglobins und seiner Komplexe. Acta biol. med. germ. *1*, 194 (1958).

Scheler, Werner, und *Friedrich Jung:* Über die Sigmoidkoeffizienten der Cyanid-Gleichgewichte des Methämoglobins und Metmyoglobins. Acta biol. med. germ. *1*, 232 (1958).

Scheler, Werner: Über einige physikalisch-chemische Eigenschaften des Chlorocruorins von *Spirographis Spallanzani.* Acta biol. med. germ. *1*, 280 (1958).

— Hämoglobinstudien. XIII. Mitt. Alkylamin-Komplexe des Methämoglobins. Biochem. Z. *330*, 538 (1958).

Wahler, Bozkourt Ernesto, Hans-Günter Thom und *Georg Schoffa:* Nachweis von Radikal-Zwischenstufen bei der Hämoglobinoxydation nach Einwirkung aromatischer Hydroxylamine. Arch. exp. Pathol. Pharmakol. *236*, 20 (1958).

Scheler, Werner: Zur Komplexaffinität der Methämoglobine. Vortrag, IV. Internat. Kongreß für Biochemie, Wien, September 1958. Kongreßreferate S. 27, Sektion 2, Vortrag 101.

— Untersuchungen über die Komplexaffinität von Hämoproteiden. Kolloquium am 21. März 1958. Dtsch. Ges.wesen *14*, 138 (1959).

— Beziehungen zwischen Struktur und Funktion von Hämoproteiden. Vortrag medizinischer Verein Greifswald, 11. Mai 1959.

Jung, Friedrich, Georg Schoffa, Werner Scheler und *Otto Ristau:* Über die magnetische Suszeptibilität des Methämoglobins zwischen 20 und 300°K. Naturwissenschaften *46*, 317 (1959).

Scheler, Werner: Zur Komplexaffinität der Hämoglobine. Z. physik. Chem. *210*, 61 (1959).

Scheler, Werner, Georg Schoffa und *Friedrich Jung:* Über die spektralen Eigenschaften und die Gleichgewichte von Alkylamin-Verbindungen des Pferde-Methämoglobins. Acta biol. med. germ. *2*, 396 (1959).

Scheler, Werner: Zur physikalischen Chemie des Methämoglobin-Imidazol-Komplexes. Acta biol. med. germ. *2*, 468 (1959).

Schoffa, Georg, Werner Scheler, Otto Ristau und *Friedrich Jung:* Über anomales Verhalten der magnetischen Suszeptibilität der Methämoglobin-Verbindungen im festen und eingefrorenen Zustand. Acta biol. med. germ. *3*, 65 (1959).

Scheler, Werner und *Waltraut Schwartzkopff-Jung:* Erwiderung zu dem Beitrag von F. B. Klynstra: A contribution to the problem of the haem-proteinlinkage in haemoglobin. Experientia *15*, 272 (1959).

Scheler, Werner, und *Liane Schneiderat:* Über die Präparation und die Bestimmung des Molekulargewichtes wie der Konzentration des Hämoglobins von *Tubifex tubifex.* Acta biol. med. germ. *3*, 588 (1959).

Scheler, Werner: Über eine Klassifikation von Porphyrinverbindungen. 25. Tagung der Ungarischen Physiologischen Gesellschaft, Szeged, 3. Juli 1959.

Schoffa, Georg: Magnetische Eigenschaften und Struktur der Hämoproteide. Vortrag, Berliner Physiologische Gesellschaft. Klin. Wschr. *37*, 831 (1959).

Scheler, Werner, und *Klaus Ruckpaul:* Über Moleküleigenschaften des Hämoglobins von *Tubifex tubifex.* Tagung der Gesellschaft für Physiol. Chemie, Berlin, 25. September 1959.

Scheler, Werner: Lösungsmittel- und pH-Einflüsse auf die Lichtabsorption von Protoporphyrinverbindungen. Mit Bemerkungen zur Struktur von Ferrihämoproteiden. Tagung der Gesellschaft für Physiol. Chem. Berlin, 25. September 1959.

Ristau, Otto, und *Georg Schoffa:* Der Einfluß der Anisotropie des g-Faktors der Elektronenspinresonanz auf die Linienform von polykristallinen Substanzen. Arbeitstagung für Hochfrequenzspektroskopie, Leipzig 1960.

Ruckpaul, Klaus: Über den Einfluß der Komplexbildung beim Hämoglobin auf die Löslichkeit des Proteins. Kolloquium am 24. April 1959. Dtsch. Ges.wesen *14*, 2136 (1960).

Scheler, Werner: Über spektrale Untersuchungen an Porphyrinderivaten. Kolloquium am 23. September 1959.

Ruckpaul, Klaus und *Johannes Krumbiegel:* Polarimetrische Untersuchungen an verschiedenen Hämoglobinen. Kolloquium am 16. März 1960. Dtsch. Ges.wesen *15*, 2098 (1960).

— Stabilität der Proteinmoleküle und die optische Drehung. III. Humboldt-Symposium über Grundfragen der Biologie, Internationales Symposium über Struktur und biologische Funktion der Eiweiße. Berlin, 21.—26. September 1960.

— Molekulare Alterung des Hämoglobins. III. Internationales Symposium. Struktur und Funktion der roten Blutkörperchen. Berlin, 17.—20. November 1960.

Schoffa, Georg, Otto Ristau und *Friedrich Jung:* Elektronenspinresonanz des Hämins. Naturwissenschaften *47*, 227 (1960).

Scheler, Werner: Über Lösungsmittel- und pH-Einflüsse auf die Lichtabsorption des Protoporphyrin IX und des Protohämins mit einem Vergleich der Lichtabsorption der Ferrihämoproteide und einer Klassifikation der Spektren von Protoporphyrinderivaten. Biochem. Z. *332*, 344 (1960).

— Über die Lichtabsorption und die Gleichgewichte des Methämoglobins von *Tubifex*. Acta biol. med. germ. *4*, 26 (1960).

Ruckpaul, Klaus: Der Einfluß verschiedener Komplexpartner auf die Löslichkeit von Rattenmethämoglobin. Acta biol. med. germ. *4*, 104 (1960).

Scheler, Werner: Lichtabsorption und Sauerstoffbindungskurve des Hämoglobins von *Tubifex*, Biochem. Z. *332*, 366 (1960).

— Untersuchungen zur Stöchiometrie und Struktur der Aquo- bzw. Alkoholverbindungen des Protoporphyrins, Hämins und Methämoglobins. Acta biol. med. germ. *4*, 470 (1960).

— Untersuchungen über die Komplexbildung des Hämins mit Anionen. Biochem. Z. *332*, 542 (1960).

— Über die Wasserbindung des Fe^{3+} in den Komplexen verschiedener Methämoglobine. Acta biol. med. germ. *4*, 606 (1960).

— Die Bindung von Nitrosobenzolderivaten am menschlichen Hämoglobin. Naturwissenschaften *47*, 399 (1960).

Jung, Friedrich: Der normale und pathologische Hämoglobinstoffwechsel. Regensburger Jahrbuch für ärztl. Fortb. *8*, 1 (1959/60).

Ruckpaul, Klaus, und *Johannes Krumbiegel:* Differenzen der optischen Drehung bei Hämoglobinverbindungen verschiedner Spezies. Naturwissenschaften *47*, 495 (1960).

Wiegershausen, Burkhard, und *Hartmut Niedrich:* Zur Chemie der Polypeptide und ihrer Anwendung in der Medizin. Akademie ärztl. Fortb. Berlin-Lichtenberg, 27. Februar 1961.

Jung, Friedrich: Intracelluläre Denaturierung. III. Humboldt-Symposium über Grundfragen der Biologie. Internationales Symposium über Struktur und biologische Funktion der Eiweiße. Berlin, 21.—26. September 1960.

Ruckpaul, Klaus, und *Johannes Krumbiegel:* Molekulare Alterung des Hämoglobins, Abstracts, V. Internationaler Kongreß für Biochemie, Mokau 1961.

Pharmakologisch-biochemische Arbeiten

Jung, Friedrich: Die Bedeutung statistischer Faktoren für die Analyse biologischer Reaktionsabläufe. Arch. exp. Pathol. Pharmakol. *215*, 600 (1952).

Miller, Richard, und *Friedrich Jung:* Prüfung einiger Thiouracilderivate Pharmazie 7, 822, (1952).

Rauterberg, Wolfgang: Zum Mechanismus der Muskelkontraktion. Pharmazie 7, 730 (1952).

Barton, Helmut: Kohlenwasserstoffe und Leukocytenfunktion. Arch. exp. Pathol. Pharmakol. *216*, 206 (1952).

Lindigkeit, Ruth, und *Friedrich Jung:* Über die Inhaltsstoffe der Brennhaare von Laportea. Pharmazie *8*, 78 (1953).

Dautzenberg, Alfons: Beeinflussung der Glykogenbildung in der Rattenleber. Dtsch. Ges.wesen *8*, 1566 (1953).

Stahl, Ernst, und *Friedrich Jung:* Über Blutgiftwirkungen des Phenylendiamins und des Toluylendiamins. Arch. exp. Pathol. Pharmakol. *220*, 503 (1953).

Scheler, Werner, Lothar Wallis und *Friedrich Jung:* Regulationseffekte von Salzen gegenüber Fermenten. Naturwissenschaften. *41*, 88 (1954).

Jung, Friedrich: Zur Thermodynamik biologischer Systeme. Naturwissenschaften *41*, 120 (1954).

Büchsel, Marie-Luise: Periston und allgemeine Krankheitsresistenz. Dtsch. Ges.wesen *9*, 265 (1954).

Scheler, Werner: Über die Toxizität von *Xanthium* L. Pharmazie *9*, 362 (1954).

Wallis, Lothar: Die Beeinflussung des Membranpotentials der Gelatinemembran durch Formaldehyd. Arch. Exp. Pathol. Pharmakol. *223*, 64 (1954).

Jung, Friedrich: Zur Funktion und Funktionsbeeinflussung der Schilddrüse. Dtsch. Ges.wesen *9*, 1198 (1954).

Braun, Ernst: Einige pharmakologische Wirkungen des benzyläthylbarbitursauren Natriums. Dissertation — Berlin 1954.

Thiede, Heinz-Wilhelm: Die Wirkungsweise des Strophantins auf die Ausbildung einer experimentellen Herzhypertrophie. Dissertation — Berlin 1954.

Scheer, Elfriede: Untersuchungen am Kaninchen über den Einfluß von Sulfonamiden auf den Kohlehydrathaushalt. Dissertation — Berlin 1954.

Wahler, Bozkourt Ernesto: Zur Bestimmung der Orthophosphorsäure neben ihren energiereichen organischen Verbindungen. Dissertation — Berlin 1955.

Ankermann, Horst: Chemischer Nachweis des Gesamtjodgehalts oder biolog. Standardisierung von Schilddrüsenpräparaten zu ihrer Charakterisierung im DAB. Pharmazie *10*, 34 (1955).

Wollenberger, Albert: Blockierung der Wirkungen des Protoveratrins A auf den Gehirnstoffwechsel durch Cocain und verwandte Stoffe. Arch. exp. Pathol. Pharmakol. *225*, 165 (1955).

Jung, Friedrich: Zur Anwendung der Thermodynamik auf biologische und medizinische Probleme. Naturwissenschaften *43*, 73 (1956).

Wollenberger, Albert, und *Bozkourt Ernesto Wahler:* Einfluß von Protoveratrin und Strophanthin auf den Kationen- und Phosphatgehalt von Gehirnrindengewebe. Arch. exp. Pathol. Pharmokol. *228*, 134 (1956).

Kühn, Gerhard: Beitrag zur Pharmakologie des N-methylpyridins Arch. exp. Pathol. Pharmakol. *228*, 183 (1956).

Ankermann, Horst: Der Stoffwechsel im Erstickungsversuch unter Chlorpromazin und Regitin. Arch. exp. Pathol. Pharmakol. *229*, 476 (1956).

Matthies, Hansjürgen, Burkhard Wiegershausen, Gerhard Otto und *Günter Scholz:* Pharmakologische Untersuchungen an Interorezeptoren. Arch. exp. Pathol. Pharmakol. *229*, 544 (1956).

Ankermann, Horst, und *Friedrich Jung:* Zum Problem der potenzierten Narkose. Dtsch. Ges.wesen *11*, 667 (1956).

Ankermann, Horst: Propaphenin und Anoxie. Pharmazie *11*, 542 (1956).

Matthies, Hansjürgen: Die Beeinflussung der Acetylcholinreizung von Chemorezeptoren durch Phenylalkylamine. Naturwissenschaften *44*, 39 (1956).

Matthies, Hansjürgen, Burkhard Wiegershausen, Gerhard Otto und *Günther Scholz:* Über pharmakologische Untersuchungen der Interoreceptoren Abstracts XX. Internat. Physiologen-Kongreß, S. 624 Brüssel 1956.

Ankermann, Horst: Über zentrale Wirkungen von Thiantan. Kolloquium am 16. Februar 1955. Dtsch. Ges.wesen *11*, 388 (1956).

— Die Wirkung von Chlorpromazin auf den Stoffwechsel der Ratte. Berliner Physiologische Gesellschaft. Klin. Wschr. *34*, 56 (1956).

— Die Wirkung von Propaphenin auf den Gesamtstoffwechsel. Berliner Physiologische Gesellschaft. Klin. Wschr. *34*, 878 (1956).

Erdmann, Dietrich: Die Wirkung von Coffein auf den Ablauf bedingt-reflektorischer Erregungen an Kleintieren. Dissertation-Berlin 1956.

Scholz, Günther: Pharmakologische Beeinflussung der Interorezeptoren der Darmgefäße. Dissertation — Berlin 1956.

Zawacki, Franz: Gegenseitige Ausscheidungsbeeinflussung von Sulfonamiden. Dissertation — Berlin 1957.

Rapp, Hans-Joachim: Die Wirkung des 2-Acetylylamino-1, 3, 4-thiodiazol-5-sulfonamids auf die experimentelle Herzhypertrophie. Dissertation — Berlin 1957.

Kube, Klara: Die Beeinflussung der experimentellen Herzhypertrophie durch 1-Allyl-3-äthyl-6-aminouracil an Albinoratten. Dissertation — Berlin 1957.

Stein, Willy: Die Blutdruckwirkung von Acetylcholin und Carbaminocholin an der narkotisierten Katze vor und nach Anwendung einer Anticholinesterase. Dissertation — Berlin 1957.

Zawacki, Franz und *Friedrich Jung:* Über neue blutzuckerwirksame Verbindungen. Klin. Wschr. *35*, 363 (1957).

Wiegershausen, Burkhard, Günther Scholz und *Hansjürgen Matthies:* Die Wirkung von N-(3-Dimethylamino)-propyl-3-chlorphenothiazin auf die Chemorezeptoren der Darmgefäße. Pharmazie *12*, 323 (1957).

Kühn, Gerhard und *Friedrich Jung:* Zur Pharmakologie der N-Methylpyridiniumsalze. Pharmazie *12*, 651 (1957).

Kühn, Gerhard, Heinz-Wilhelm Thiede und *Friedrich Jung:* Prophylaktische medikamentöse und diätetische Beeinflussung der experimentellen Herzhypertrophie. Pharmazie *12*, 479 (1957).

Matthies, Hansjürgen und *Dietrich Erdmann:* Die Wirkung von Coffein auf bedingt-reflektorische Reaktionen der Ratte und auf eine experimentelle Zerrüttung des Nervensystems. Pharmazie *12*, 561 (1957).

Matthies, Hansjürgen: Die Wirkung von Phenylalkylaminen auf die Sensibilität von acetylcholin-empfindlichen Receptoren peripherer Gefäßgebiete. Arch. exp. Pathol. Pharmakol *231*, 133 (1957).

Ankermann, Horst: Fingerplethysmographische Untersuchungen unter Chlorpromazin. Z. Kreislauf. *46*, 933 (1957).

Matthies, Hansjürgen und *Sonja Matthies:* Die Wirkung von 5-Hydroxytryptamin auf acetylcholin-empfindliche Nervenendigungen peripher Gefäßgebiete. Acta biol. med. germ. *1*, 361 (1958).

Wollemann, Maria: Über Spaltung und Bindung des Succinylcholins in vitro und in vivo. Klin. Wschr. *36*, 134 (1958).

Ankermann, Horst: Die Beeinflussung des Stoffwechsels durch Chlorpromazin. Arzneimittel-Forsch. *8*, 81 (1958).

— Studien über den peripheren Volumpuls. I. Mitt. Die physiologische Grundform des Fingervolumpulses und seine Veränderung durch die Atmung. Acta biol. med. germ. *1*, 211 (1958).

Wiegershausen, Burkhard und *Dieter Kupke:* Zur Pharmakologie der Tweens. I. Mitt. Die Wirkung von Tween 80 auf periphere Gefäßgebiete. Acta biol. med. germ. *1*, 249 (1958).

Ankermann, Horst: Technische und methodische Probleme bei der Darstellung des peripheren Volumpulses. Berliner Physiologische Gesellschaft. Klin. Wschr. *36*, (1958).

Wiegershausen, Burkhard: Über einige Wirkungen von Tween 80, einem in der Medizin viel verwendeten Lösungsvermittler. Kolloquium am 10. Januar 1958. Dtsch. Ges.-wesen *14*, 134 (1959).

— Zur Pharmakologie von Polyäthylenoxydderivaten (Tweens) und ihre Anwendung in der Medizin. Med. Ges. Rostock. Dtsch. Ges.wesen *14*, 794 (1959).

— Pentedron, ein hypertensiver Körper aus der Adrenalingruppe. 1. Tagung der Arbeitsgemeinschaft Pharmakologie, Dresden 1959.

Ankermann, Horst: Pharmakologische Beeinflussung der Notfallsreaktionen im Erstickungsversuch. Arch. exp. Pathol. Pharmakol. *236*, 85 (1959).

Göres, Erhard: Über die Wirkung von Capsaicin auf die Interorezeptoren der Extremität und des Darmes. Arch. exp. Pathol. Pharmakol. *236*, 145 (1959).

Wiegershausen, Burkhard: Der Einfluß oberflächenaktiver Substanzen auf pharmakologische Wirkungen am isolierten Darm. Arch. exp. Pathol. Pharmakol. *236*, 163 (1959).

Ankermann, Horst: Studien über den peripheren Volumpuls. II. Mitt. Der Volumpuls des Fingers unter verschiedenen Versuchsbedingungen. Acta biol. med. germ. *2*, 209 (1959).

Jung, Friedrich: Zur mathematischen Behandlung biologischer Reaktionsabläufe. Acta biol. med. germ. *2*, 266 (1959).

Wiegershausen, Burkhard: Pharmakologische Wirkungen unter dem Einfluß oberflächenaktiver Substanzen. Acta biol. med. germ. *2*, 284 (1959).

Sieberth, H. G.: Über Phasengrenzpotentiale an Chloroform-Wassergrenzschichten. Dissertation — Berlin 1959.

Liese, Wolfgang: Über den Einfluß des Chlorpromazins auf bedingtreflektorische Vorgänge. 1. Ordnung bei Ratten. Dissertation — Berlin 1959.

Zeidler, B.: Die allgemeinen Vergiftungserscheinungen durch o-und p-Phenylendiamin an der weißen Ratte unter besonderer Berücksichtigung der Bluttoxikologie. Dissertation — Berlin 1959.

Göres, Erhard und *Friedrich Jung:* Reizung von Gefäßreceptoren durch Capsaicin. Acta biol. med. germ. *3*, 41 (1959).

Wiegershausen, Burkhard: Zur Pharmakologie von α-(4-oxyphenyl)α-oxo-β-methylaminoaethan. Acta biol. med. germ. *3*, 506 (1959).

Grisk, Adolf: Die additive Wirkung von Lysolecithin und g-Strophantin am Meerschweinchen. Dissertation — Berlin 1960.

Buchalli, Klaus-Dieter: Die Beeinflussung bedingter Reflexe durch Reserpin. Dissertation — Berlin 1960.

Lippmann, Hans-Georg: Die Beeinflussung der Automatic des isolierten Kaltblüterventrikels durch Dehnung und Sauerstoffdruck. Vortrag, Berliner Physiologische Gesellschaft, Berlin 6. September 1960.

Grisk, Adolf, Annelore Steinicke und *Friedrich Jung:* Über die additive Wirkung von Lysolecithin und g-Strophanthin am Meerschweinchen. Acta biol. med. germ. *4*, 423 (1960).

Jung, Friedrich: Statistische Probleme beim Zusammenhang von Dosis und Wirkung. Act. physiol Hung. *17*, 449 (1960).

Kupke, Dieter: Tierexperimentelle Untersuchungen über die subchronische Toxizität des Chlorazanil. Dtsch. Ges.wesen *15*, 1456 (1960).

Wiegershausen, Burkhard: Nová hypertensivni làtka adrenalinovè skupiny. Cs. fysiol. *9*, 67 (1960).

Jung, Friedrich und *Ingeborg Krüger:* Über die Wirkung einiger Reizstoffe auf die isolierte Froschhaut. Acta biol. med. germ. *5*, 128 (1960).

Lippmann, Hans-Georg: Die Beeinflussung des mechanischen Verhaltens der Herzmuskelfaser durch Änderung der extrazellulären K-Konzentration und durch Oxytocin. Kolloquium am 10. Mai 1961.

— Elastizität und Kontraktilität des isolierten Kaltblüterventrikels bei Variation der extrazellulären K-Konzentration im Bereich niedriger Füllungsdrucke. Vortrag, 27. Tagung der Deutschen Physiologischen Gesellschaft, Zürich 1961.

Hauttransplantationen

Herforth, Lieselott und *Peter Schäfer:* Vascularisationsmessungen an Hauttransplantaten mit dem Leuchtmassenzähler. Naturwissenschaften *38*, 505 (1951).

Schäfer, Peter: Quantitative Beobachtungen an Hauttransplantaten. Dtsch. Ges.wesen *7*, 490 (1952).

Kirchheim, Joachim-Hans und *Peter Schäfer:* Pharmakologische Beeinflussung von Transplantaten. I. Mitt. Die freie homoplastische Hautverpflanzung unter Antihistaminbehandlung. Arch. exp. Pathol. Pharmakol. *215*, 256 (1952).

Herforth, Lieselott und *Peter Schäfer:* Bestimmung des Verlaufes der Revaskularisation von Hauttransplantaten durch radioaktive Messungen mit dem Leuchtmassenzähler. Arch. exp. Pathol. Pharmakol. *216*, 317 (1952).

Schäfer, Peter: Beeinflussung der Einheilung von Homotransplantaten durch Kastration. Arch. Exp. Pathol. Pharmakol. *218*, 483 (1953).

— Vascularisationsmessungen mit dem Leuchtmassenzähler. Arch. exp. Pathol. Pharmakol. *218*, 150 (1953).

— Quantitative Beobachtungen an Hauttransplantaten. Dtsch. Ges.wesen *8*, 1569 (1953).

— Erfolgreiche Homotransplantation der Haut durch Antihistamin-Salicylatbehandlung. Naturwissenschaften *40*, 392 (1953).

— Die Variationsstreuung bei Hautverpflanzungen. Dtsch. Ges.wesen *9*, 261, (1954).

— Erfolgreiche Homotransplantation der Haut unter Calcistin-Permalon-Behandlung bei Kastraten. Naturwissenschaften *41*, 42 (1954).

Azulene

Jung, Friedrich: Entzündungswidrige synthetische Azulene. Arch. exp. Pathol. Pharmakol. *212*, 112 (1950).

— Synthetische entzündungswidrige Azulene. Pharmazie *6*, 192 (1951).

Jung, Friedrich, Wolfgang Schoetensack und *Gerhard Bruno:* Synthetische Azulene. I. Mitt. Prüfungsverfahren. Arch. exp. Pathol. Pharmakol. *214*, 103 (1951).

Jung, Friedrich, Wolfgang Schoetensack, E. Mahler und *Lore Burkhard:* Synthetische Azulene. II. Mitt. Physiologische Wirkungen. Arch. exp. Pathol. Pharmakol. *213*, 255 (1951).

Kuhnert, Gisbert: Über den Azulenbildner der Kamille. Pharmazie *6*, 549 (1951).

Barton, Helmut, und *Margarete Wendler:* Synthetische Azulene. III. Mitt. Beeinflussung der Leukozytenfunktion durch Azulenderivate im Vergleich zu anderen aromatischen Kohlenwasserstoffen. Arch. exp. Pathol. Pharmakol. *215*, 573 (1952).

Reinicke, Elisabeth, Helmut Barton und *Friedrich Jung:* Synthetische Azulene. IV. Mitt. Versuche zur Frage Struktur und Wirksamkeit. Arch. exp. Pathol. Pharmakol. *215*, 579 (1952).

Jung, Friedrich, Margarete Wendler und *Elisabeth Reinicke:* Über das antiphlogistische Prinzip der Kamille. Naturwissenschaften *39*, 23 (1952).

Reinicke, Elisabeth: I. Prüfung synthetischer Azulene, natürlicher Kamillenwirkstoffe und einiger anderer Substanzen auf ihre antiphlogistische Wirksamkeit. II. Untersuchungen über das wirksame Prinzip des A 18 (1-Isopropyl-5-methylazulen). Dissertation — Berlin 1952.

Jung, Friedrich, und *Margarete Wendler:* Über die Azulenvorstufen der Kamille. Pharmazie *8,* 117 (1953).

Laske, Rudi: Über den thermischen Abbau von Azulen. Dissertation — Berlin 1957.

Diuretika

Stolte, Eckart: Die Wirkung des p-acetylamino-benzolsulfonsauren Salzes des N-Methylpyridins auf die Diurese der Ratten. Dissertation — Berlin 1956.

Kühn, Gerhard: Wirkungsvergleich verschiedener Diuretika unter spezieller Berücksichtigung des N-p-Chlorphenyl-1-2, 4-diamino-s-Triazins (Orpidan). Klin. Wschr. *35,* 346 (1957).

— Die Wirkung des N-p-Chlorphenyl-2,4-diamino-s-triazins auf die Kochsalzausscheidung der Ratte. Arch. exp. Pathol. Pharmakol. *232,* 263 (1957).

Weimann, Helga: Über die Wirkung des 2-(4-Chlorbenzolsulfonamids),1,3,4,-thiodiazol-5-sulfonamids im chronischen Belastungsversuch. Dissertation — Berlin. 1957.

Dybowski, Elena: Untersuchungen über die Wirkung einiger neuer Diuretika auf den extrazellulären Raum. Dissertation — Berlin. 1959.

— Über den extrazellulären Raum der Ratte bei quecksilberfreien Diuretica. Acta biol. med. germ. *3,* 176 (1959).

Kühn, Gerhard, Erhard Göres, Friedrich Jung und *Günter Hilgetag:* Untersuchung der diuretischen Wirkung einer Reihe von Sulfonamiden, im besonderen des 2-(4-Chlorbenzolsulfonamido)-2,3,4-thiodiazol-5-sulfonamids („Siccamid"). Acta biol. med. germ. *3,* 574 (1959).

Kupke, Dieter: Wirkung von N-p-Chlorphenyl-2-4-diamino-s-triazinhydrochlorid auf den Gallefluß. Arch. exp. Pathol. Pharmakol. *236,* 191 (1959).

Kühn, Gerhard: Zum Mechanismus der diuretischen Wirkung von N-p-Chlorphenyl-2,4-diamino-s-triazin-hydrochlorid. Arch. exp. Pathol. Pharmakol. *236,* 172 (1959).

Ruckpaul, Klaus: Diuretische Wirkung einer Reihe von Sulfonamiden an der Ratte. Arch. exp. Pathol. Pharmakol. *236,* 174 (1959).

Löwe, Hans: Die Wirkung des N-p-Chlorphenyl-2,4-diamino-s-triazin. (Orpidan. Triazurol) auf die alkalische Phosphatase der Rattenniere. Dissertation — Berlin 1960.

Kupke, Dieter: Tierexperimentelle Untersuchungen über toxikologische Wirkungen des N-p-Chlorphenyl-2,4-diamino-s-triazin. Dissertation — Berlin 1960.

Göres, Erhard und *Helga Weimann:* Über die Wirkung eines neuen Diuretikums, des p-Chlorbenzolsulfonamido-thiodiazolsulfonamids. Dtsch. Ges.wesen *15,* 243 (1960).

Göres, Erhard, und *Friedrich Jung:* Über die Veränderung der Kaliumtoxizität bei Ratten nach vorheriger Behandlung mit N-p-Chlorphenyl-2,4-diamino-s-triazin. Acta biol. med. germ. *4,* 394 (1960).

— Über die Beeinflussung der Azetazolamid- und Chlorazanildiurese bei Ratten nach chronischer Vorbehandlung mit Chlorothiazid. Acta biol. med. germ. *6,* 36 (1961).

Wiegershausen, Burkhard: Zur Wirkung von Staphylolysin an isolierten Organen. Acta biol. med. germ. *3,* 94 (1959).
— Zur Pharmakologie von Staphylolysin. Kolloquium am 4. November 1959. Dtsch. Ges.wesen *15,* 1143 (1960).
— Wirkung von Staphylolysin auf isolierte Organe. Konferenz über Staphylokokkeninfektion. Prag 1959.
— K ucinku stafylolysinu na isolovany krysi uterus. Cs. fysiol. *8,* 464 (1959).
— Some Pharmacological Effects of Staphylolysin on the Isolated Rat Uterus. Nature (London) *184,* 2017 (1959).
— Über einige pharmakologische Eigenschaften von Staphylolysin. Arch. exp. Pathol. Pharmakol. *238,* 144 (1960).
— Pharmakologische Eigenschaften von Staphylokokken-Toxin. 2. Tagung der Arbeitsgemeinschaft Pharmakologie, Jena Acta biol. med. germ. *5,* 420 (1960).
Raskova, Helena, und *Burkhard Wiegershausen:* Wirkungsbedingungen des letalen Faktors von Staphylokokken-Toxin. Arch. exp. Pathol. Pharmakaol. *240,* 37 (1960).
Wiegershausen, Burkhard: Farmakologickè vlastnosti Stafylolysinu. Cs. fysiol. *9,* 308 (1960).
— Zur Pharmakologie von Staphylokokkentoxin. Habilitation — Berlin 1960.
Wiegershausen, Burkhard, und *Hartmut Niedrich:* Die Bedeutung der Peptidforschung für die Medizin Teil I, Z. ärztl. Fortb. *55,* 1010—1018, (1961).
— Die Bedeutung der Peptidforschung für die Medizin Teil II, Z. ärztl. Fortb. *55,* (1961).
Wiegershausen, Burkhard: Zur Pharmakologie von Staphylokokkentoxin (Wood 46). I. Mitt. Die letale Wirksamkeit von Staphylokokkentoxin. Acta biol. med. germ. *6,* 86 (1961).
— Release of pharmacologically active Substances by Staphylococal Toxin (Wood 46) Biochem. pharmacol. *8,* 75, (1961).

Chemotherapie des Krebses

Barton, Helmut, Ursula Heine, Arnold Graffi und *Friedrich Jung:* Versuche zur Beeinflussung der Cancerogenese durch 1-Isopropyl-5-methyl-azulen. Arch. exp. Pathol. Pharmakol. *223,* 443 (1954).
Barton, Helmut, Walter Krischke, Friedrich Jung und *Arnold Graffi:* Die Wirkung des 1-Isopropyl-5-methyl-azulens auf Stoffwechsel, Wachstum und Metastasierung des Mäuseascitescarcinoms. Arch. exp. Pathol. Pharmakol. *225,* 260 (1955).
Jung, Friedrich: Zum Primärvorgang bei der Tumorentstehung. Dtsch. Ges.wesen *10,* 937 (1955).

Knobloch, Wolfgang, Günther Winkelmann und *Kurt Rintelen:* Pharmakologisch wirksame Benzimidazole. I. Mitt. Derivate des 2- Merkaptobenzimidazols. Arch. Pharmaz. Ber. dtsch. pharmaz. Ges. *291/63*, 113 (1958).

Rintelen, Kurt, und *Wolfgang Knobloch:* Beeinflussung von Mäuse-Ascites-Tumoren durch Benzimidazolderivate. I. Mitt. Acta biol. med. germ. *1*, 109 (1958).

Rintelen, Kurt, und *Kurt Zapf:* Die Wirkung von N-Lost-Benzimidazolen auf das Mäuse-Ascites-Carcinom und ihre strukturellen Grundlagen. Arch. exp. Pathol. Pharmakol. *236*, 277 (1959).

Knobloch, Wolfgang: Chemische Konstitution und pharmakologische Wirkung einiger substituierter Benzimidazole. Mitteilungsbl. Chem. Ges. *6*, 132 (1959).

— Chemische Konstitution und pharmakologische Wirkung analgetisch wirksamer Benzimidazol-Derivate. Kolloquium am 13. Januar 1960. Dtsch. Ges.wesen *15*, 2097 (1960).

Synthetische Arbeiten

Knobloch, Wolfgang, und *Kurt Rintelen:* Pharmakologisch wirksame Benzimidazole. II. Mitt. Untersuchungen über die Synthese von Benzimidazol-2-sulfonamiden. Arch. Pharmaz. Ber. dtsch. pharmaz. Ges. *291/63*, 180 (1958).

Knobloch, Wolfgang: Pharmakologisch wirksame Benzimidazole III. Mitt. Synthese von substituierten Benzimidazolen mit potentieller Antitumorwirkung. Chem. Ber. *91*, 2557 (1958).

Knobloch, Wolfgang, und *Hartmut Niedrich:* Pharmakologisch wirksame Benzimidazole. IV. Mitt. Synthese von 2,6-disubstituierten Benzo-(1,2,4,5)-bisimidazolen. Chem. Ber. *91*, 2562 (1958).

Knobloch, Wolfgang, und *Fritz Stahl:* Pharmakologisch wirksame Benzimidazole. V. Mitt. Synthese von N-(2-Benzimidazolylmethyl)-aminosäuren. Mber. dtsch. Akad. Wiss. Berlin *1*, 240 (1959).

Knobloch, Wolfgang: Synthese einiger neuer cytostatisch wirksamer Benzimidazole. Kolloquium am 17. Januar 1958. Dtsch. Ges.wesen *14*, 136 (1959).

Niedrich, Hartmut: Synthese von 2,6-disubstituierten Benzobisimidazolen. Kolloquium am 17. Oktober 1958. Dtsch. Ges.wesen *14*, 1828 (1959).

Knobloch, Wolfgang, und *Hartmut Niedrich:* Synthese von substituierten Benzimidazolen mit potentieller Antitumorwirkung. Mitteilungsbl. Chem. Ges. *6*, 133 (1959).

Erythrozytenstoffwechsel

Matthies, Hansjürgen, Karin Onnen und *Friedrich Jung:* Über den Stoffwechsel jugendlicher Blutzellen. Dtsch. Ges.wesen *8*, 1562 (1953).

Matthies, Hansjürgen: Methämoglobinrückbildung und Kationentransport im roten Blutkörperchen. Dissertation — Berlin 1953.

Matthies, Hansjürgen: Über Stoffwechselleitungen von roten Blutzellen. I. Mitt. Kationentransport und Methämoglobinrückbildung. Arch exp. Pathol. Pharmakol. *221*, 497 (1954).

Jung, Friedrich, Hansjürgen Matthies und *Karin Onnen:* Über die Stoffwechselleistungen von roten Blutkörperchen. II. Mitt. Einfluß methämoglobinfreier Zellen auf die Methämoglobinrückbildung. Arch. exp. Pathol. Pharmakol. *222*, 474 (1954).

Jung, Friedrich, und *Karin Onnen:* Bindung und Wirkungen des Formaldehyds an Erythrocyten. Arch. exp. Pathol. Pharmakol. *224*, 179 (1955).

Matthies, Hansjürgen, Friedrich Jung und *Ruth Schäfer:* Über Stoffwechselleistungen von roten Blutkörperchen. III. Mitt. Zur Aufklärung des sogen. Mischeffektes bei der Methämoglobinrückbildung. Arch. exp. Pathol. Pharmakol. *225*, 352 (1955).

Jung, Friedrich: Einige Probleme des Metabolismus roter Blutkörperchen. Cs fysiol. *4*, 390 (1955).

Matthies, Hansjürgen: Über Stoffwechselleistungen roter Blutkörperchen. IV. Mitt. Substratverarmung und Stoffwechselaktivität. Arch. exp. Pathol. Pharmakol. *226*, 442 (1955).

— Über Struktur- und Stoffwechselwirkungen von Formaldehyd. Arch. exp. Pathol. Pharmokol. *228*, 241 (1956).

Winkelmann, Ernst: Die Wirkung von Formaldehyd auf den Kationenbestand kernloser Erythrocyten. Dissertation — Berlin 1956.

Erdmann, Dietrich: Die Wirkung des Phenylhydrazins auf isolierte rote Blutzellen in vitro. Dissertation — Berlin 1956.

Matthies, Hansjürgen: Über den Abbau zelleigener Substrate in roten Blutkörperchen. Folia haematol. *74*, 243 (1956).

— Über eine Aldehydoxydase in roten Blutkörperchen. Naturwissenschaften *43*, 200 (1956).

— Die Wirkung von Formaldehyd auf die Methämoglobinrückbildung in roten Blutzellen. Folia haematol. *74*, 299 (1956).

— Methämoglobinrückbildung in Reticulocyten Arch. exp. Pathol. Pharmakol. *229*, 331 (1956).

— Die Wirkung von Aldehyden auf die Methämoglobinrückbildung in Erythrocyten. Biochem. Z. *329*, 341 (1957).

— Untersuchungen über eine Aldehyd-dehydrogenase in kernlosen Erythrocyten. Biochem. Z. *329*, 421 (1957).

— Untersuchungen über die Methämoglobinrückbildung und über eine Aldehyddehydrase in kernlosen Erythrocyten. Habilitation — Berlin 1957.

Göres, Erhard: Die Beziehungen zwischen Kationentransport und Methämoglobinrückbildung in menschlichen Erythrocyten unter Formaldehydeinwirkung. Dissertation — Berlin 1957.

Stopp, Gert: Über den Einfluß des Phenylhydrazins auf den Stoffwechsel der Erythrocyten in vitro. Dissertation — Berlin 1957.

Jankowski, Vera: Erythrocytenveränderungen durch Phenylhydrazin in verschiedenen Konzentrationen. Dissertation — Berlin 1957.

Iwig, Joachim, und *Friedrich Jung:* ATP-Abbau in Methämoglobin-führenden Blutzellen. Acta biol. med. germ. *1*, 79 (1958).

Matthies, Hansjürgen: Zum Problem der Methämoglobinrückbildung in Erythrocyten. Acta biol. med. germ. *1*, 221, (1958).

Banaschak, Horst: Über den Kationentransport bei Rindererythrozyten. Acta biol. med. germ. *1*, 293 (1958).

Matthies, Hansjürgen: Vergleichende Untersuchungen über die Aldehyddehydrogenase kernloser Erythrozyten. Biochem. Z. *330*, 169 (1958).

Stopp, Gert: Über den Einfluß des Phenylhydrazins auf den Stoffwechsel der Erythrocyten in vitro. Arch. exp. Pathol. Pharmakol. *236*, 67 (1959).

Banaschak, Horst: Über den aktiven Kationentransport von Hühnererythrocyten bei niederen Temperaturen. Arch. exp. Pathol. Pharmakol. *236*, 88 (1959).

— Über den aktiven Kationentransport der Hühnererythrocyten bei niederen Temperaturen. Acta biol. med. germ. *2*, 278 (1959).

Strunk, Annemarie: Die Wirkung von Formaldehyd auf die Methämoglobinrückbildung verschiedener Tierarten. Dissertation – Berlin 1959.

Weimann, Helga, und *Horst Banaschak:* Über die Methämoglobinrückbildung und die Beziehungen des Stoffwechsels zum Kationentransport bei Kälbererythrocyten. Acta biol. med. germ. *2*, 439 (1959).

Stopp, Gert: Über den Einfluß exogener Faktoren auf den Vergiftungsablauf. Acta. biol. med. germ. *4*, 325 (1960).

Banaschak, Horst, und *Ruth Schäfer:* Versuche zur Aufklärung des „Mischeffektes" bei der Methämoglobinreduktion. Arch. internal. pharmacodyn. *129*, 330 (1960).

Malz, Eva: Beitrag zur Methämoglobinreduktion in kernhaltigen Erythrozyten. Dissertation — Berlin 1960.

— Vergleichende Untersuchungen der Rückbildung des Methämoglobins bei verschiedenen Tierarten. III. Internationales Symposium Struktur und Funktion der roten Blutkörperchen, Berlin 17.—20. November 1960.

Schneiderat, Liane: Über den Einfluß Heinz-Körper und Methämoglobinbildender Gifte auf den Glutathionsspiegel der Erythrocyten in vivo. Dissertation — Berlin 1960.

Hänel, Annekatrin: Über die Einwirkung von Silbernitrat auf menschliche Erythrocyten. Dissertation — Berlin 1960.

Malz, Eva: Einfluß verschiedener Temperaturen auf die Methämoglobinreduktion. Acta biol. med. germ. 7, 219 (1961).

Hämolyse

Wendler, Joachim: Über die Hämolyse mit Hexadecylsulfonat Dissertation — Berlin 1951.

Jung, Friedrich: Über reversible und partielle Hämolyse Arch. exp. Pathol. Pharmakol. *215*, 568 (1952).

Jung, Friedrich, und *Irene Schwartzkopff:* Über die Saponinhämolyse. Arch. exp. Pathol. Pharmakol. *215,* 556 (1952).

Wiegershausen, Burkhard: Bedingungen der Hämolyse mit Hexadecylsulfonat. Dissertation — Berlin 1953.

Jung, Friedrich, Joachim Wendler und *Burkhard Wiegershausen:* Über die Hämolyse durch seifenähnliche Substanzen. Arch. exp. Pathol. Pharmakol. *229,* 281 (1956).

Jung, Friedrich: Optische Effekte bei Hämolyseversuchen. Arch. exp. Pathol. Pharmakol. *229,* 293 (1956).

Wiegershausen, Burkhard: Neue Befunde bei der Hämolyse mit Hexadecylsulfonat. Arch. exp. Pathol. Pharmakol. *228,* 255 (1956).

Jung, Friedrich: Über die Hämolyse durch Lysolecithin. Acta biol. med. germ. *2,* 481 (1959).

— Prispevek k Hemolytickemu Pusobeni Lysolecitinu. Cs. Fysiol. *8,* 208 (1959).

— Hämolyse durch Netzmittel. VII. Freiburger Symposium, Heidelberg 1960.

Wiegershausen, Burkhard: Zum Mechanismus der Hämolyse mit Staphylokokken-Toxin (Wood 46). Abstracts, V. Internationaler Kongreß für Biochemie, S. 389, Moskau 1961.

— Über die hämolytische Wirkung des α-Toxin von Staphylokokken. Berliner physiologische Gesellschaft Klin. Wschr. 1961.

Struktur und Funktion von Geweben und Zellen

Konitzer, Klaus: Untersuchungen über die Struktur der Substantia granulofilamentosa jugendlicher Erythrozyten. Dissertation — Berlin 1951.

Jung, Friedrich: Parasitäre Formen im Blut. Folia haematol. *71,* 4 (1952).

— Innenstrukturen an roten Blutzellen. Dtsch. Ges.wesen *8,* 1558 (1953).

Jung, Friedrich, Hansjürgen Matthies, Ingrid Uerlings und *Wolfgang Rauterberg:* Funktionelle und morphologische Beobachtungen an Elliptozyten. Dtsch. Ges.wesen *9,* 1085 (1954).

Jung, Friedrich: Über Heinzsche Körperchen. Dtsch. Ges.wesen *9,* 773, (1954).

— Zur Feinstruktur der roten Blutzelle. Folia haematol. *73,* 401 (1956).

Wiegershausen, Burkhard: Hexadecylsulfonat-Hämolyse und Erythrocytenstruktur. Folia haematol. *73,* 429 (1956).

Jung, Friedrich: Echte und unechte Reticulocyten bei Anämien. Folia haematol. *74,* 258 (1956).

Jung, Friedrich, Hansjürgen Rind und *Horst Stobbe:* Reticulocyten im Elektronen- und Phasenkontrastmikroskop. V. Kongreß der Europ. Ges. für Hämatologie, Freiburg i. Br. S. 774, 1956.

Jung, Friedrich: Elliptozyten. Klin. Wschr. *35,* 44 (1957).

Jung, Friedrich: Elektronenoptische Untersuchungen roter Blutkörperchen unter ververschiedenen Milieueinflüssen. Klin. Wschr. *35*, 943 (1957).

Jung, Friedrich, und *Wilfried Gusek:* Elimination toxisch geschädigter Blutzellen in der Milz. Physik. Verh. *8*, 217, (1957).

Zapf, Kurt: Untersuchungen zum Problem des Bakterienzellkerns penicillinbeeinflußter *Coli*-Bakterien. Zbl. Bakt. Hyg. *167*, 565 (1957).

— Untersuchungen über Wachstum und Vermehrung und zur Zytologie des *Mycobakterium tuberculosis* (BCG). Naturwissenschaften *44*, 311 (1957).

— Über die Feinstruktur des Zytoplasmas in Ultradünnschichten von *Mycobakterium tuberculosis* (BCG). Naturwissenschaften *44*, 448 (1957).

— Vergleichende Untersuchungen zur Morphologie und Zytologie des *Mycobakterium tuberculosis* (BCG). I. Mitt. Licht- und elektronenmikroskopische Befunde über Wachstum und Vermehrung. Zbl. Bakt. Hyg. *170*, 483 (1957).

Aschoff, Gert: Ein Beitrag zur Heinzkörperbildung in vivo durch Hydroxylaminsulfat. Dissertation — Berlin 1957.

Zapf, Kurt: Zur Vermehrung und Zellorganisation des *Mycobakterium tuberculosis* (BCG) Physik Verh. *8*, 218, (1957).

Jung, Friedrich: Über die Ultrastruktur der Milz. Congrès National des Sciences Medicales; Commun. d'invites Etrangers, Bucarest Mai (1957).

Zapf, Kurt: Vergleichende licht- und elektronenmikroskopische Untersuchungen zur Frage des Formen- und Strukturwechsels des *Mycobakterium tuberculosis* (Stamm BCG). Zbl. Bakt. Hyg. I Abt. Ref. *167*, 74 (1957).

— Zur Feinstruktur und Funktion der Mikroorganismen und ihre biologische Bedeutung. Zbl. Bakt. Hyg. I. Abt. Ref. *168*, (1958).

Jung, Friedrich: Das Schicksal toxisch veränderter roter Blutzellen in der Milz. Klin. Wschr. *36*, 63 (1958).

Jung, Friedrich, Hansjürgen Rind und *Horst Stobbe:* Über Retikulocyten Folia haematol. *75*, 295 (1958).

Zapf, Kurt: Zur Frage der Reduktionsorte in Bakterien. Acta biol. med. germ. *1*, 710 (1958).

— Vergleichende Untersuchungen zur Morphologie und Zytologie des *Mycobakterium tuberculosis* (BCG), II. Mitt. Licht- und elektronenmikroskopische Befunde zum Kernproblem. Zbl. Bakt. Hyg. *174*, 253 (1959).

Zapf, Kurt, und *Abd El Aziz Ali Mohamed:* Zur Feinstruktur und Funktion der gestreiften Rumpfmuskulatur des *Branchiostoma lanceolatum (Amphioxus).* Acta biol. med. germ. 2, 331 (1959).

Kantoch, Miroslaw, und *Kurt Zapf:* Elektronenmikroskopische Untersuchungen über die Lokalisation von *Coxsackie*-Viren in Leukocyten. Acta. biol. med. germ. *3*, 351 (1959).

Zapf, Kurt, und *Abd El Aziz Ali Mohamed:* Zur submikroskopischen Morphologie und Funktion der quergestreiften Muskulatur des *Branchiostoma lanceolatum (Amphioxus).* Acta biol. med. germ. *3*, 508 (1959).

Kantoch, Miroslaw, und *Kurt Zapf:* Electron-microscopic Studies on the Localisation of *Coxsackie* Viruses in Leukocyten. Arch. Immunol. Terapii Dosw. 7, 607 (1959).

Zapf, Kurt: Über Probleme und Ergebnisse der elektronenmikroskopischen Ultrastrukturforschung. Kolloquium am 18. April 1958. Dtsch. Ges.wesen *14,* 158 (1959).

— Zur submikroskopischen Struktur und Funktion der quergestreiften Rumpfmuskulatur des *Branchiostoma lanc.* Kolloquium am 20. April 1959. Dtsch. Ges.wesen *14,* 2137 (1959).

— Elektronenmikroskopische Untersuchungen zum Wirkungsmechanismus synthetischer Detergentien auf Bakterien. 2. Arbeitstagung der Arbeitsgemeinschaft Pharmakologie, Jena. Acta biol. med. germ. *5,* 420 (1960).

Zapf, Kurt und *Abd El Aziz Ali Mohamed:* The Ultrastructural Organization of the Elastic Component in Muscle of *Branchiostoma lanceolatum (Amphioxus)* with Special Reference to the H-Zone. Egyptian Academy of Science Cairo Proc. *14,* 38 (1960).

Gabler, Gerd, und *Friedrich Jung:* Elektronenmikroskopische Untersuchungen über die Morphologie der Speicherung makromolekularer Stoffe (Dextran, Periston) in der Milz. Acta biol. med. germ. *4,* 492 (1960).

Jung, Friedrich: Einführungsvortrag III. Internationales Symposium. Struktur und Funktion der roten Blutkörperchen. Berlin, 17.—20. November 1960.

Zapf, Kurt: Über den Wirkungsmechanismus synthetischer Detergentien auf die Morphologie und Cytologie der Bakterien. Habilitation — Berlin 1960.

Zapf, Kurt, und *Kurt Rintelen:* Zur Feinstruktur der Mäuse-Ascites-Carcinoma nach Einwirkung von N-Lost-Benzimidazol. 4. Internationaler Kongreß für Elektronenmikroskopie Berlin 1958. Biologisch-Medizinischer Teil *II,* 470, 1960.

Zapf, Kurt, und *Ion Petrea:* Studiul electrono-microscopie al dimorfimului sexual in glandele parotide la sobolan. Studii se cercetari de endocrinologie *XI* 208 (1960).

Gabler, Gerd: Über die Transformation des Chondriums bei Speicherung makromolekularer Stoffe (Dextran, Periston) Arch. Path. Anat. *333,* 230 (1960).

Zapf, Kurt: Über neuere Ergebnisse zur Feinstruktur der Bakterien. Münch. med. Wschr. *102,* 2276 (1960).

— Über den Wirkungsmechanismus synthetischer Detergentien auf Bakterien. Proc. Europ. Reg. Conference on Electron-Microscopy, Delft, *2,* 1033 (1960).

— Über den Wirkungsmechanismus synthetischer Detergentien auf die Morphologie und Zytologie der Bakterien. I. Vergleichende Untersuchungen über die normale Zellorganisation der Testbakterienstämme. Acta biol. med. germ. *6,* 353—394 (1961).

— Über den Wirkungsmechanismus synthetischer Detergentien auf die Morphologie und Zytologie der Bakterien. II. Der Effekt anion- und kationaktiver Substanzen auf Bakterien in vitro. Acta biol. med. germ. *6,* 517—540 (1961).

— Über den Wirkungsmechanismus synthetischer Detergentien auf die Morphologie und Zytologie der Bakterien. III. Über die zytopathologische Veränderung der Bakterien im elektronenmikroskopischen Bild. Acta biol. med. germ. 7, 1—23 (1961).

Wahn, Kurt, und *Kurt Zapf:* Elektronenmikroskopische Untersuchungen zur Einwirkung oberflächenaktiver Substanzen auf Mycobakterien. Arch. exp. Pathol. Pharmakol. *241,* 209 (1961).

Zapf, Kurt: Über den zytopathologischen Effekt von Netzmitteln auf Bakterien. 28. Tagung der Deutschen Gesellschaft für Hygiene und Mikrobiologie 1961.

— Zum Wirkungseffekt grenzflächenaktiver Substanzen auf die submikroskopische Struktur von Mikroorganismen. Internat. Tagung Grenzflächenaktive Stoffe in der Waschmittel- und Textilhilfsmittel-Industrie. 27. Juni—1. Juli 1961.

—· Über den Effekt von Alkylpyridiniumchlorid und -bromid auf zellwandfreie Protoplasten lysozymempfindlicher Bakterien Zbl. Bakt. Hyg. I. Orig. *183,* 45—58, 1961.

Quasdorf, J., und *A. Michailowa:* Elektronenmikroskopische Untersuchungen über die „Lumineszenzschicht" in der Haut von *Rana esculenta.* Acta biol. med. germ. *6,* 344—347, 1961.

Magnetochemie

Schoffa, Georg, Bozkourt Ernesto Wahler und *Hans-Günter Thom:* Die paramagnetische Resonanz freier Radikale aus der Gruppe der Diarylstickstoffoxyde. Acta biol. med. germ. *1,* 114 (1958).

Thom, Hans-Günter, Bozkourt Ernesto Wahler und *Georg Schoffa:* Paramagnetische Resonanz freier Radikale. I. Mitt. Diaryl-stickstoffoxyd-Radikale. Z. Naturforsch *13 a,* 552 (1958).

Schoffa, Georg, Otto Ristau und *Klaus Ruckpaul:* Anomaly in magnetic anisotropy of $K_3Fe(CN)_6$ single crystals at low temperatures. Akademie Wiss. UdSSR. J. exp. theoret. Physik. *35,* 641 (1958).

Schoffa, Georg, Otto Ristau und *Bozkourt Ernesto Wahler:* Untersuchungen des Bindungscharakters von Metallchelaten durch die Elektronenspinresonanz Hochfrequenzspektroskopie, S. 170, Akademie-Verl. Berlin 1961.

Lindigkeit, Ruth, Bozkourt Ernesto Wahler, Georg Schoffa und *Otto Ristau:* Über ESR-Spektren und Energieleitung einiger Übergangsmetall-Komplexe von Aminosäuren, Peptiden, Nukleinsäuren und Nukleoproteiden: I. Löschung freier Radikale durch Metalle in Nukleinsäurepräparationen. Hochfrequenzspektroskopie, S. 166, Akademie-Verl. Berlin 1961.

Rein, Horst: Untersuchungen der Elektronenspinresonanz an einigen Kupferkomplexen als Modellsubstanzen des Hämoglobins. Dissertation — Berlin 1961.

Forschungsmethodik

Jung, Friedrich: Zur Methode der Papierelektrophorese. Z. ärztl. Fortb. *46*, 588 (1952).

— Zur Frage der Standardisierung und Bestimmung des roten Blutfarbstoffes. Dtsch. Ges.wesen *7*, 1313 (1952).

— Über Gefrierhämolyse. Dtsch. Ges.wesen *9*, 307 (1954).

Jung, Friedrich, und *Günther Mai:* Über ein Prinzip zur Herstellung vibrationsfreier Lager für Feinschnittmikrotome. Dtsch. Ges.wesen *10*, 1250 (1955).

Jung, Friedrich: Eine einfache Schrägbedampfungsanlage zur elektronenoptischen und lichtoptischen Untersuchung. Dtsch. Ges.wesen *11*, 357 (1956).

Jung, Friedrich, Kurt Zapf, Ingeborg Quasdorf und *Günther Mai:* Erfahrung mit neuartigen Schneidekopflagerungen an einem Ultradünnschnittmikrotom. Mikroskopie (Wien) *13*, 91 (1958).

Wollenberger, Albert, Otto Ristau und *Georg Schoffa:* Eine einfache Technik der extrem schnellen Abkühlung größerer Gewebestücke. Arch. ges. Physiol. Menschen Tiere *270*, 399 (1960).

Zapf, Kurt: Über eine spezielle Beleuchtungskombination zur Aufnahme von Bakterien- und Pilzkulturen in Petrischalen. Z. med. Labortechn. *1*, 67 (1960).

Zapf, Kurt, und *Herbert Gärtner:* Über eine Polymerisationseinrichtung mit UV- und Wärmestrahlung für die Ultradünnschnittechnik. Z. med. Labortechn. *1*, 130 (1960).

Zapf, Kurt, und *Günther Mai:* Eine magnetische Schneidekopflagerung an einem Feinschnitt-Mikrotom. 4. Internationaler Kongreß für Elektronenmikroskopie. Berlin 1958, Springer-Verl. Göttingen, *1*, 86, 1960.

Zapf, Kurt: Licht- und elektronenmikroskopische Methoden zur Kontraststeigerung und Abbildung von Mikroorganismen. Z. med. Labortechn. *1*, 167 (1960).

— Über elektronenmikroskopische Präparationsverfahren zur Abbildung von Mikroorganismen als Totalpräparat und im Ultradünnschnitt. Z. med. Labortechn. *1*, 197 (1960).

Schoffa, Georg, Otto Ristau und *Günther Mai:* Zur Methodik der Messung der magnetischen Anisotropie im weiten Temperaturbereich. Exp. Techn. Physik *7*, 217 (1960).

Zapf, Kurt, und *Jiři Ludvik:* Einführung in die elektronenmikroskopische Präpariertechnik in der Mikrobiologie Gustav Fischer Verl. Jena 1961.

Zapf, Kurt: Beitrag: Mikroskopische Präpariertechnik Brockhaus ABC der Optik, herausgegeben von K. Mütze, Brockhaus Verl. Leipzig 1961.

Schoffa, Georg, und *Otto Ristau:* Ein empfindliches Überlagerungs-Spektrometer für Elektronenspinresonanz bei 9300 MHz. Exper. Techn. Physik *5*, 217 (1960).

Verschiedenes

Jung, Friedrich: Über die Bedeutung der Elektronenmikroskopie für Medizin und Biologie. Elektrotechnik *4*, 416 (1950).

— Strukturprobleme an roten Blutkörperchen. Naturwissenschaften *37*, 229 (1950).

— Strukturprobleme an roten Blutkörperchen. Naturwissenschaften *37*, 254 (1950).

Scheler, Werner: Die Tollkirsche als Heilpflanze. Heilberufe *4*, 285 (1952).

Jung, Friedrich: Arzneimittelmangel in der DDR. Pharmazie *8*, 101 (1953).

Groot-Wassink, K. A., und *G. Knappe:* Eisen, Kobalt, Vitamin B_{12}. Z. ärztl. Fortb. *17*, 510 (1953).

Jung, Friedrich: Über die Ausbildung der Ärzte in China. Dtsch. Ges.wesen *9*, 232 (1954).

— Zur pharmazeutischen Ausbildung in China. Pharmazie *9*, 166 (1954).

Matthies, Hansjürgen: Bericht über die Arbeitstagung der Staatl. Pawlow-Kommission der DDR, 15.—17. Januar 1954 in Leipzig. Dtsch. Ges.wesen *9*, 457 (1954).

Jung, Friedrich: Arzneiverordnung zwischen Propaganda und Krankenversicherung. Dtsch. Ges.wesen *9*, 708 (1954).

— Latein als Voraussetzung des Medizinstudiums? Dtsch. Ges.wesen *9*, 668 (1954).

— Enstehung und Natur der Sucht. Dtsch. Ges.wesen *9*, 709 (1954).

Scheler, Werner: Über herzwirksame Stoffe in Experiment und Klinik. Heilberufe VI, 207 (1954).

Jung, Friedrich: Nochmals: Latein als Voraussetzung des Medizinstudiums? Dtsch. Ges.wesen *9*, 1201 (1954).

— Wirkungsschwund der Antibiotika. Dtsch. Ges.wesen *10*, 997 (1955).

— Duldung der Homöopathie? Dtsch. Ges.wesen *11*, 1465 (1956).

— Dosis sola facit venenum. Wiss. Fortschr. *6*, 97 (1956).

— Duldung der Homöopathie? Dtsch. Ges.wesen *12*, 880 (1957).

— Zum Wert der Homöopathie. Pharmaz. Praxis Beiheft Pharmazie, S. 103, (1957).

— Die Situation der Homöopathie in der UdSSR. Z. ärztl. Fortb. *51*, 1045 (1957).

Scheler, Werner: Das Arzneimittel als Psychotherapeuticum. Referentenkonferenz der Sektion Medizin und Biologie. Gesellschaft zur Verbreitung wiss. Kenntnisse. Berlin, 25. Oktober 1957.

— Sind wir gegen Arznei- und Lebensmittelvergiftungen geschützt? Hygiene-Museum Dresden, 1. Juni 1958.

Jung, Friedrich: Der Berufsweg des Pharmakologen. Dtsch. Ges.wesen *13*, 1292 (1958).

Ruckpaul, Klaus: Zur deutschen Arzneimittelgesetzgebung. Dtsch. Ges.wesen *13*, 1295 (1958).

Wiegershausen, Burkhard: Kontaktlaxantien. Dtsch. Ges.wesen *13*, 1674 (1958).

Jung, Friedrich: Beispiel China. Ber. über 24. Tagung Dtsch. Pharmakol. Ges. in Berlin. 23.—27. September 1958 Arch. exp. Pathol. Pharmakol. *236*, 320 (1959).

— Manierierte Ratlosigkeit. Z. ärztl. Fortb. *53*, 113 (1959).

— Tödlicher Zwischenfall durch Verwechslung von Procain und Tetracain bei intravenöser Dauertropfinfusion. Anaesthesist *8*, 120 (1959).

Ruckpaul, Klaus: Betrachtungen zum Entwurf eines Arzneimittelgesetzes in der Bundesrepublik. Dtsch. Ges.wesen *14,* 535 (1959).

Ankermann, Horst: Pharmakologisch-toxikologische Probleme bei der Anwendung von Kontaktinsektiziden. Dtsch. Ges.wesen *14,* 1146 (1959).

Jung, Friedrich: Buchbesprechung „Rote Liste 1959". Dtsch. Ges.wesen *14,* 1198 (1959).

Zapf, Kurt: Vorstoß in den Mikrokosmos mit dem Elektronenmikroskop. Wissen und Leben, S. 241 (1959).

Jung, Friedrich: Erlaubte und unerlaubte Versuche. Dtsch. Ges.wesen *14,* 1433 (1959).

Scheler, Werner: Pharmakologische Grundlagen der Hochdrucktherapie. Fortbildungslehrgang über Herz- und Kreislauferkrankungen. II. Med. Klin. Charité, 21. Mai 1958. Dtsch. Ges.wesen *14,* 1549 (1959).

Jung, Friedrich: Sind künstliche Farbstoffe schädlich? Deine Gesundheit. H. 1 (1960).

— Nebenwirkungen und Fehlfolgen der Therapie. Jahreskongreß ärztl. Fortb. Verl. Volk und Gesundheit, 1958.

— Zur Geschichte des Pharmakol. Institutes. Z. ärztl. Fortb. *54,* 548 (1960).

— Manierierte Ratlosigkeit. Erwiderung auf die gleichlautende Arbeit von Hellmut Grell. Z. ärztl. Fortb. *54,* 316 (1960).

— Gedanken über die Homöopathie. Dtsch. Ges.wesen *15,* 1182 (1960).

Göres, Erhard: Einige pharmakologische Probleme der Ataraktika. Medicamentum *3,* 76 (1960).

Jung, Friedrich: Buchbesprechung „Fortschritte der Arzneimittelforschung" (Hrsg. Ernst Jucker). Dtsch. Literaturzeitung *81,* H. 5 (1960).

— Scheinmittel, ein aktuelles Problem der Arzneimittelforschung. Vortrag Fontane-Club Brandenburg, 1960.

ROBERT-RÖSSLE-KLINIK

Allgemeine Geschwulstprobleme

Geschwülste der Atmungsorgane (einschließlich Thoraxchirurgie)

Geschwülste und Erkrankungen der Brustdrüsen

Geschwülste des Verdauungskanals

Geschwülste der weiblichen Genitale

Endokrinologie

Chemotherapie des Krebses

Strahlentherapie, Strahlenbiologie und Strahlenphysik

Anästhesie und postoperative Behandlung

Innere Medizin, allgemeine Chirurgie und andere Grenzgebiete

Medizintechnik

Allgemeine Geschwulstprobleme

Cramer, Heinrich: Neurohormonale Wachstumssteuerung im Hinblick auf das Tumorproblem. Strahlentherapie *82*, 379 (1950).

Cramer, Heinrich, und *Hans Gummel:* Richtlinien für die Früherkennung, Behandlung und Vorbeugung von bösartigen Geschwülsten. Strahlentherapie *85*, 401 (1951).

Gummel, Hans, und *Gustav Paul Wildner:* Die Bestimmung der Verschleppungszeit bei bösartigen Geschwülsten — ein Gradmesser für den Stand der Krebsbekämpfung. Dtsch. Ges.wesen *6*, 619 (1951).

Lührs, Walter, und *Annemarie Ebbmeyer:* Mineralstoffwechsel und Tumorwachstum. I. Mitteilung. Z. ges. inn. Med. Grenzgebiete *6*, 416 (1951).

Graffi, Arnold, und *Hans Gummel:* Zur Frage der cancerogenen Wirkung der steroiden Geschlechtshormone. Dtsch. Ges.wesen *7*, 1250 (1952).

Gummel, Hans: Die radikale chirurgische Behandlung des Krebses. Dtsch. Ges.wesen *7*, 62 (1952).

— Die Stellung der Chirurgie in der modernen Krebsbehandlung. Wiss. Ann. *1*, 529 (1952).

Lührs, Walter, Wolfram Seyfarth und *Ursula Kappel:* Mineralstoffwechsel und Tumorwachstum. II. Mitt.: Kaliumgehalt des Tumors, Acetylcholin-Cholinesterase und Lymphocyten im Blut. Med. Mschr. *6*, 20 (1952).

Lührs, Walter, M. Lindemann und *H. Arlt:* Serumeiweißbild, Labilitätsreaktionen des Blutes und Carcinom. Dtsch. Ges.wesen *7*, 745 (1952).

Mordeja, Joachim: Die Begutachtung bei Erkrankungen an bösartigen Geschwülsten. Dtsch. Ges.wesen *7*, 1377 (1952).

Cramer, Heinrich, und *Hans Gummel:* Richtlinien für die Früherkennung, Behandlung und Vorbeugung von bösartigen Geschwülsten. Dtsch. Ärzte-Kal. *26*, 344 (1953).

Gummel, Hans, und *Gustav Paul Wilder:* Frühdiagnose karzinomatöser Erkrankungen. Dtsch. Ärzte-Kal. *26*, 93 (1953).

Gummel, Hans, und *Walter Lührs:* Untersuchungen über den Einfluß verschiedener Antibiotica (Penicillin, Streptomycin, Chloromycetin, Aureomycin und Terramycin) auf das Wachstum des Jensen-Sarkoms bei Ratten. Dtsch. Ges.wesen *8*, 381 (1953).

Mordeja, Joachim: Allgemeine Diagnostik bösartiger Knochengeschwülste. Dtsch. Ges.-wesen *8*, 1358 (1953).

— Früherkennung bösartiger Knochengeschwülste. Dtsch. Ges.wesen *8*, 349 (1953).

Mordeja, Joachim: Richtlinien für Einweisungen von Patienten zu Heilkuren. Dtsch. Ges.wesen *8*, 935 (1953).

Cramer, Heinrich: Geschwulstforschung und -behandlung. Münch. med. Wschr. *96*, 734 (1954).

Eschbach, Walter: Der Einfluß von Arterenol und Adrenalin auf das Wachstum des Jensen-Sarkoms bei Ratten. Arch. Geschwulstforsch. *7*, 361 (1954).

Gummel, Hans: Das Institut für Medizin und Biologie der Deutschen Akademie der Wissenschaften. Dtsch. Ges.wesen *9*, 1336 (1954).

Hoffmann, Maria: Ein Beitrag zur Frage der Überwärmungsbehandlung Krebskranker. Strahlentherapie *93*, 236 (1954).

— Ein Beitrag zur Überwärmungsbehandlung chronischer Krankheiten. Dtsch. Ges.-wesen *9*, 236 (1954).

— Die Wirkung lokaler Überwärmungsmaßnahmen auf das Jensen-Sarkom und auf das Walker-Karzinom der Ratten. Arch. Geschwulstforsch. *6*, 186 (1954).

Lührs, Walter: Neuere Erkenntnisse über Mesenchym, Gewebsalterung und Krebsgeschehen. In: Probleme der Krebsforschung u. Krebsbekämpfung. (Sonderbände Strahlentherapie) S. 123—128, Berlin 1954.

Matthes, Theodor: Thorotrastschäden und Krebsgefahr. Arch. Geschwulstforsch. *6*, 162 (1954).

Mordeja, Joachim: Das „Brückensymptom". Eine kritische Betrachtung der Voraussetzungen für die Anerkennung einer Geschwulst als Traumafolge. Dtsch. Ges.wesen *9*, 357 (1954).

— Die Diagnostik bösartiger Knochengeschwülste. Beitr. Orthop. *1*, 76 (1954).

Wildner, Gustav Paul: Beitrag zu einem statistisch auswertbaren Krankenblatt für Geschwulstkranke. In: Probleme der Krebsforschung u. Krebsbekämpfung. (Sonderbände Strahlentherapie) S. 139—159, Berlin 1954.

Cramer, Heinrich: Geschwulstforschung und -behandlung. Münch. med. Wschr. *97*, 776 (1955).

Hoffmann, Maria: Ein Beitrag zur Frage der Wachstumshemmung verschiedener Mäuseimpftumoren durch Behandlung mit Überwärmungsbädern. Arch. Geschwulstforsch. *8*, 20 (1955).

Lührs, Walter, Hans Gummel und *Ingeborg Kindermann:* Alkalische Serumphosphatase und Lebermetastasierung. Z. ges. inn. Med Grenzgebiete *10*, 713 (1955).

Lührs, Walter: Medizinisches Wörterbuch. Abt. Krebs. Volk u. Gesundheit, Berlin 1955.

Mordeja, Joachim: Über Exostosen. Z. Orthop. *85*, (1955).

Schröder, Gerd: Bestehen Beziehungen zwischen Blutgruppe und Karzinomerkrankung? Arch. Geschwulstforsch. *8*, 230 (1955).

Wildner, Gustav Paul: Die Krebskrankheiten, ihre Erkennung und Behandlung. In: Jahrbuch für die Kranken- und Säuglingspflege. Taschen- u. Tabellenbuch. Staude, Osterwieck/Harz S. 227—237, 1955.

Lührs, Walter: Die Geschwulstkrankheiten. Monographie f. Fortbildung und Fernstudium. Med. Fachschule Dresden 1956.

Lührs, Walter, und *Erwin Negelein:* Über das Vorkommen von Milchsäuredehydrogenase im Serum krebskranker Patienten. Klin. Wschr. *34*, 148 (1956).

Matthes, Theodor, und *Rudolf Wagner:* Beitrag zur Klinik des Inselzelladenoms. Z. ges. inn. Med. Grenzgebiete *11*, 264 (1956).

Matthes, Theodor: Zur Frage der Entstehung eines Carcinoms auf dem Boden einer Thorotrast-Narbenleber. Strahlentherapie *99*, 94 (1956).

Zahnert, Reinhold: Studie über Gerinnungsfaktoren bei bösartigen Geschwülsten. Z. ges. inn. Med. Grenzgebiete *11*, 1091 (1956).

Berndt, Hans, und *Walter Lührs:* Die Bedeutung der Thrombophlebitis nigrans als Hinweis auf latente Karzinome. Z. ges. inn. Med. Grenzgebiete *12*, 822 (1957).

Berndt, Hans: Paraproteinämie bei chronischen Lymphadenosen. Fol. haemat. *74*, 16 (1957).

— Der Wert der Laboratoriumsuntersuchungen zur Beurteilung von Krebskranken. Dtsch. Ges.wesen *12*, 488 (1957).

Labis, Hans: Beitrag zur Melanommetastasierung nach Excision im Gesunden. In: Kongreßbericht über die 1. Tagung der med.-wiss. Ges. f. Röntgenologie der DDR, 24.—26. März 1955. Akademie-Verl. Berlin 1957.

Wildner, Gustav Paul: Die Krebserkrankungs- und Sterbeziffer in Berlin (demokratischer Sektor) im Jahre 1954. Berl. ärztl. Rundschau *10*, 9 (1957).

Wittig, Gunther: Die moderne Behandlung des Krebses. Heilberufe *9*, 170 (1957).

Fuchs, Ulrich: Messungen des sogenannten Gewebsdruckes an Tumor- und Normalgewebe. Zbl. allg. Path. *97*, 542 (1957/58).

Berndt, Hans: Waldenströmova makroglobulinémie. Čas. lék. česk., Praha 252 (1958).

Cramer, Heinrich: Krebsforschung und Behandlung. Münch. med. Wschr. *100*, 1083 (1958).

Gummel, Hans, und *Gustav Paul Wildner:* Die Beziehungen der biologischen Wertigkeit maligner Geschwülste zur Überlebenszeit der Geschwulstträger. Sitzungsbericht der Berliner Chirurg. Gesellschaft am 24. 6. 1957, Zbl. Chir., *82*, 1995 (1957). Chirurg *29*, 14 (1958).

Gummel, Hans: Die Problematik der beschleunigten Wiederherstellung und Nachbehandlung vom Standpunkt des Onkologen. In: Jahreskongreß 1957 für ärztliche Fortbildung. Hrsg. v. H. Redetzky u. H. Thiele, S. 288—297 Volk u. Gesundheit Berlin 1958.

Kadenbach, Bernhard: Der Einfluß extracellulärer Atmungsfermente auf den Stoffwechsel von Tumor- und schnellwachsenden Zellen. Diplomarbeit — Berlin 1958.

Wildner, Gustav Paul: Entwicklung und Stand der Erforschung der Lymphogranulomatose (Hodgkinsche Krankheit) in Klinik und Experiment (eine kritische Übersicht). Arch. Geschwulstforsch. *13*, 1 (1958).

— Probleme der Krebskrankenstatistik. Dtsch. Ges.wesen *13*, 1610 (1958).

— Zur „Verschleppungszeit" bei bösartigen Geschwülsten. Arch. Geschwulstforsch. *12*, 237 (1958).

Zahnert, Reinhold: Experimentelle Untersuchungen über die Phosphataseaktivität in der Rattenleber, insbesondere bei Hepatomen. Acta biol. med. germ. *1*, 259 (1958).

Berndt, Hans: Makroglobulinämie — Morbus oder Syndrom Waldenström? Fol. haemat. *76*, 17 (1959).

Gummel, Hans: Zur Diagnose und Prognose bösartiger Geschwülste. Z. ärztl. Fortb. *8*, 209 (1959).
Heise, Eberhard, und *Walter Lührs:* Über den Einfluß von Glutathion auf den Stoffwechsel von Transplantationstumoren. Z. Krebsforsch. *63*, 99 (1959).
Wildner, Gustav Paul: Aufbau und Organisation der Erfassung und Betreuung der Krebskranken in der DDR. Dtsch. Ges.wesen *14*, 26 (1959).
Wittig, Gunther: Die Beeinflussung des Geschwulstwachstums durch spezifische Gewebsantigene. Acta biol. med. germ. *3*, 56 (1959).
Zahnert, Reinhold: Histochemische Untersuchungen der Phosphataseaktivität in der Leber bei Krebskranken. Z. ges. inn. Med. Grenzgebiete *14*, 858 (1959).
Bacigalupo, Giovanni: Klinische Ergebnisse eines neuen kombinierten Verfahrens zur Behandlung bösartiger Tumoren beim Menschen. Dtsch. Ges.wesen *15*, 172 (1960).
Gummel, Hans: Über die biologische Wertigkeit maligner Tumoren aus der Sicht der Klinik. Abh. dtsch. Akad. Wiss, Berlin, Kl. med. wiss Nr. 3. Akademie-Verl., Berlin 1960.
Gummel, Hans, und *Gunther Wittig:* Über die Notwendigkeit einer Wertbestimmung maligner Tumoren. Chirurg. *31*, 448 (1960).
Lührs, Walter: Fortschritt in der Krebstherapie? Selecta *2*, 15 (1960).
Schöpp, Renate: Versuche zur Hemmung der enzymatischen Transaminierung durch α-substituierte Aminosäuren und ihre Wirkung auf das Wachstum von Tumoren. Dissertation — Berlin 1960.
Wittig, Gunther: Immunologie maligner Tumoren aus der Sicht der Klinik. Dtsch. Ges.-wesen *15*, 763 (1960). *15*, 879 (1960).
Zahnert, Reinhold, und *Jürgen Oloffs:* Zur klinischen Differentialdiagnose der malignen Lymphome. Dtsch. Ges.wesen *15*, 236 (1960).
Gummel, Hans, und *Hans Berndt:* Zur Problematik der Frühdiagnose maligner Geschwülste. Dtsch. med. J. *12*, 29 (1961).
Wittig, Gunther: Die Wege der Krebsbehandlung mit besonderer Rücksicht auf den Abwehrmechanismus des Organismus. Dtsch. Ges.wesen *16*, 557 (1961).

Geschwülste der Atmungsorgane (einschließlich Thoraxchirurgie)

Barth, Lothar, Wolfgang Bosse und *Kurt Pfeifer:* Einsatz und Leistungsfähigkeit der Bronchoskopie in der Diagnostik des Bronchialkrebses. Z. ges. inn. Med. Grenzgebiete *10*, 495 (1950).
Lührs, Walter, und *Hans Gummel:* Beurteilung einer Hyperfibrinaemie in der Differentialdiagnose beim Bronchial-Carcinom. Dtsch. Ges.wesen 7, 19 (1952).
Barth, Lothar, und *Wolfgang Bosse:* Venendruckmessung und Strophantinprobe in der präoperativen Diagnostik des Bronchialkarzinoms. Arch. Geschwulstforsch. *6*, 347 (1954).

Eichhorn, Hans-Jürgen: Über die Möglichkeiten und Grenzen einiger röntgenologischer Methoden und der Bronchoskopie für die Diagnostik des Bronchialcarcinoms. Dtsch. Ges.wesen *9,* 71 (1954).

Schröder, Gerd: Die Prognose des Bronchialkarzinoms bei Berücksichtigung des histologischen Typs unter der Röntgentherapie. Dtsch. Ges.wesen *9,* 1021 (1954).

Wittig, Gunther: Fortschritte der modernen Lungenchirurgie. Wissenschaft u. Fortschritt (1954).

Gummel, Hans, und *Theodor Matthes:* Probleme und Wege zur Verbesserung der Dauerheilungen beim Bronchial-Karzinom. Dtsch. Ges.wesen *10,* 757 (1955).

Matthes, Theodor: Über die Möglichkeiten und Grenzen bronchuschirurgischer Eingriffe nach traumatischen Bronchusverletzungen. Chirurg *26,* 455 (1955).

Barth, Lothar, und *Jochen Kießling:* Weitere Ergebnisse der diagnostischen Bronchoskopie beim Bronchialkarzinom. Z. Laryng. *35,* 440 (1956).

Huber, Rudolf, Lothar Barth, Siegfried Matschke und *Eduard Iglauer:* Eine Methode zur direkten Herddosis-Messung bei der Röntgen-Tiefentherapie hilusnaher Bronchial-Carcinome. Strahlentherapie *99,* 79 (1956).

Iglauer, Eduard: Die Bedeutung des transversalen Schichtverfahrens für die Indikationsstellung zur chirurgischen Behandlung der Lungentumoren. Chirurg *27,* 120 (1956).

Matthes, Theodor, und *Ulrich Fuchs:* Experimenteller Beitrag zur Frage der kollateralen einspringenden pulmonalen Gefäßversorgung nach Ligatur der Bronchialarterien und Resektionen und Anastomosen am Hauptbronchus. Ärztl. Forsch. *10,* 577 (1956).

Matthes, Theodor: Experimenteller Beitrag zur Frage der Wiederherstellungschirurgie an Trachea und Bronchien. Beitr. klin. Chir. *192,* 216 (1956).

— Fortschritte in der Diagnostik und Behandlung benigner Mediastinaltumoren. Dtsch. Ges.wesen *11,* 1175 (1956).

— Über Möglichkeiten von Lungenteil- und Bronchusresektionen mit End-zu-End-Anastomosen bei ausgewählten Fällen von Bronchialkarzinomen. Thoraxchir. *4,* 106 (1956).

Zahnert, Reinhold: Das Krankheitsbild der Osteoarthropathie hypertrophiante pneumique (oder pneumonique) — (Bamberger-Pierre Marie). Dtsch. Ges.wesen *11,* 1774 (1956).

Berndt, Hans, und *Walter Lührs:* Blutveränderungen beim Bronchialkarzinom und ihre Bedeutung für die Prognose. Med. Klin. *52,* 1516 (1957).

Fuchs, Ulrich: Zur Frage der Lungendoppelkarzinome. Arch. klin. Chir. *285,* 29 (1957).

Iglauer, Eduard: Über die Leistungsfähigkeit des Pneumomediastinums in der Thoraxchirurgie. Chirurg. *28,* 5 (1957).

Lührs, Walter: Experiments on the combined chemotherapeutic influence on inoperable, x-ray unsuitable patients suffering from bronchial-carcinoma. (Symposium on Chemotherapy of Cancer, Mai 1956 in Oslo). Acta Unio internat. cancr. *13,* 424 (1957).

Matthes, Theodor: Chirurgisch wichtige Komplikationsmöglichkeiten bei endobronchialen bzw. intrapulmonalen Fremdkörpern. Chirurg *28,* 30 (1957).

Eichhorn, Hans-Jürgen, Hans Labis und *Eduard Iglauer:* Die Stellung der Bronchographie in der Diagnostik der Bronchialkarzinome. Kongreßbericht über die 2. Tagung der med.-wiss. Ges. für Röntgenologie der DDR, 20.—22. April 1956, Berlin. (Hrsg. Fritz Gietzelt und Ernst W. Dörfel) S. 200, Akademie-Verl., Berlin 1958.

Eichhorn, Hans-Jürgen: Zur Differentialdiagnose und Therapie von peripheren Rundherden der Lunge. Zbl. Chir. *82,* 1996 (1957).

Ernst, Helmut, Eduard Iglauer, Helmut Kronschwitz und *Ernst Spode:* Tierexperimentelle Untersuchungen zur Frage der Therapie von Lungentumoren mit Hilfe radioaktiver Gold-Kohle-Suspensionen. Strahlentherapie *107,* 382 (1958).

Fuchs, Ulrich: Zur Morphologie des „Bronchialcylindroms". Arch. Geschwulstforsch. *12,* 1 (1958).

Huber, Rudolf, Lothar Barth, Siegfried Matschke und *Eduard Iglauer:* Die Bestrahlungsergebnisse beim Bronchialkrebs und ihre statistische Auswertung. Kongreßbericht über die 2. Tagung der med.-wiss. Ges. für Röntgenologie der DDR, 20.—22. April 1956, Berlin. (Hrsg. Fritz Gietzelt und Ernst W. Dörfel) S. 239 bis 247, Akademie-Verl., Berlin 1958.

Iglauer, Eduard: Die mediastinale Phlebographie als Hilfsmittel zur Klärung der Inoperabilität von Lungentumoren des rechten Oberlappens. Strahlentherapie *105,* 134 (1958).

— Das transversale Schichtverfahren und das Pneumomediastinum in der Thoraxchirurgie. Kongreßbericht über die 2. Tagung der med.-wiss. Ges. für Röntgenologie der DDR, 20.—22. April 1956, Berlin. (Hrsg. Fritz Gietzelt und Ernst W. Dörfel) S. 208—214, Akademie-Verl., Berlin 1958.

Iglauer, Eduard, und *Helmut Ernst:* Die Verwendung von Radiojod zum Ausschluß dystopen Schilddrüsengewebes in der Differentialdiagnostik des Mediastinaltumors. Dtsch. Ges.wesen *13,* 1024 (1958).

Matthes, Theodor: Conditions et résultats des résections partielles pulmobronchiques et de la restitution de continuité par anastomose terminoterminale. Bronches *8,* 330 (1958).

— Resektionsmöglichkeiten bei Geschwülsten des intrathoracalen Abschnittes der Trachea und ihre Kontinuitätswiederherstellung. Chirurg *29,* 32 (1958).

Wildner, Gustav Paul, und *Rudolf Huber:* Die Klassifikation der Lungen- und Bronchialgeschwülste nach dem Ausbreitungsstadium. Strahlentherapie *105,* 386 (1958).

Eichhorn, Hans-Jürgen: Diskussionsbeitrag zum Vorschlag der Kommission der DRG für die Stadieneinteilung der Lungenkrebse. Fortschr. Röntgenstr. Nuklearmed. *91,* 118 (1959).

Eichhorn, Hans-Jürgen, und *Werner Bohndorf:* Erste Erfahrungen bei der intensiven Bestrahlung mit Kobalt-60 von Bronchialkarzinomen. Strahlentherapie, — Sonderband 43 „Strahlenbehandlung und Krebsforschung", S. 179, 1959.

Eichhorn, Hans-Jürgen und *Werner Bohndorf:* Untersuchungen über die Bedeutung einiger wichtiger Röntgendiagnostikmethoden beim Bronchialkarzinom. Fortschr. Röntgenstr. Nuklearmed. *90,* 657 (1959).

Lührs, Walter: Zur Diagnostik der Lungen- und Bronchialkarzinome. In: Neuere Erkenntnisse in der Tuberkuloseklinik und -forschung. Volk und Gesundheit, Berlin 1959.

Matthes, Theodor: Neuere Erkenntnisse der Chirurgie des Tracheobronchialbaumes und der Lungen. Wien. med. Wschr. *109,* 915 (1959).

— Zur Pathogenese, Diagnostik und Therapie des Bronchialkarzinoms. In: Neuere Erkenntnisse in der Tuberkuloseklinik und -forschung. S. 333—364, Volk und Gesundheit Berlin 1959.

Widow, Wilhelm: Lungenparenchymveränderungen bei mit Kobalt-60 präoperativ bestrahlten Bronchialkarzinomen. In: Krebsforschung u. Krebsbekämpfung. Bd. 3. (Sonderbände Strahlentherapie. Bd. 41), S. 100—104, 1959.

— Zur Vorbestrahlung des Bronchialkarzinoms. Strahlentherapie *110,* 133 (1959).

Zahnert, Reinhold, und *Jürgen Oloffs:* Die Lungenembolie bei thorakotomierten Patienten mit Bronchial-Carcinom und Möglichkeiten ihrer Früherkennung. Dtsch. Ges.wesen *14,* 1340 (1959).

Berndt, Hans: Das mittlere Einzelerythrocytenvolumen (mEV) bei Bronchialcarcinomen vor und nach thoraxchirurgischen Eingriffen. Fol. haemat. *77,* 204 (1960).

Eichhorn, Hans-Jürgen: Über die Vorbestrahlung des Bronchial-Karzinoms mit Cobalt-60. Kongreßbericht über die 4. Tagung der med.-wiss. Ges. für Radiologie der DDR im April 1959 Leipzig. Radiobiol. Radiother. *1.* (1960).

— Zum Problem der Diagnostik und Therapie der „Rundherde" der Lunge. Diagnostik der Lungentuberkulose und anderer Lungenkrankheiten. Beiträge aus einem Fortbildungskurs. S. 107—122, Volk und Gesundheit Berlin 1960.

Lührs, Walter: Zur Diagnostik der Lungen- und Bronchialkarzinome. Diagnostik der Lungentuberkulose und anderer Lungenkrankheiten v. Paul Steinbrück. S. 223 bis 231, Berlin Volk und Gesundheit 1960.

Podlesch, Ingrid, und *Theodor Matthes:* Zur Prüfung der Herzleistung von thoraxchirurgischen Eingriffen. Dtsch. Ges.wesen *15,* 253 (1960).

Berndt, Hans, und *Heinrich Schwarz:* Das Bluteiweißbild des Bronchialcarcinoms und der chronischen Pneumonie. Arch. Geschwulstforsch. *18,* 206 (1961).

Berndt, Hans: Über das Bluteiweißbild bei Bronchialcarcinom und Magencarcinom. Arch. Geschwulstforsch. *18,* 209 (1961).

Eichhorn, Hans-Jürgen, und *Wolfgang Gibel:* Keimbesiedlung des Bronchialbaumes beim Bronchial-Karzinom vor und nach Cobalt-60-Tiefentherapie. Strahlentherapie *116,* 275 (1961).

Lichterfeld, A., Wilhelm Widow und *Reinhold Zahnert:* Vergleichende spirometrische Untersuchungen vor und nach Co-60-Bestrahlung bei Patienten mit Bronchial-Karzinom. Thoraxchir. *9,* 178 (1961).

Matthes, Theodor, Willfried Wirbatz und *Almuth Lessel:* Differentialdiagnostik der kleinfleckigen Verschattungen im Röntgenbild der Lunge. Dtsch. Ges.wesen *16,* 1524 (1961).

Widow, Wilhelm, und *Rudolf Huber:* Zur Strahlenreaktion im Bereich vernarbter Lungenprozesse. Dtsch. Ges.wesen *16,* 573 (1961).

Geschwülste und Erkrankungen der Brustdrüse

Cramer, Heinrich, Hans Gummel und *Hans-Jürgen Eichhorn:* Beitrag zur Frage der Behandlung des Mamma-Carcinoms. Strahlentherapie *88,* 59 (1952).

Eichhorn, Hans-Jürgen: Über eine Schwerpunktverlagerung in der Dosisverteilung bei der Röntgenbestrahlung des Mamma-Carcinoms und die Höhe der Herddosen im biologischen Maß. Strahlentherapie *89,* 517 (1952/1953).

Cramer, Heinrich: Neurohormonale Wachstumssteuerung bei Mastopathie und Mammakarzinom. Dtsch. Ges.wesen *8,* 806 (1953).

Eichhorn, Hans-Jürgen: Indikation und Technik der Röntgenbestrahlung des Mamma-Carcinoms. Dtsch. Ges.wesen *8,* 802 (1953).

Gummel, Hans: Die Dysplasie der Mamma, Klinik und Beziehung zum Mamma-Carcinom. Dtsch. Ges.wesen *8,* 797 (1953).

Wildner, Gustav Paul: Statistisches zur sogenannten Mastopathie und zum Mamma-Carcinom. Dtsch. Ges.wesen *8,* 793 (1953).

Gietzelt, Fritz, Hans Gummel und *Franz Mörl:* Zur Frage des Mammakarzinoms. Dtsch. Ges.wesen *10,* 1593 (1955).

Gummel, Hans, und *Gustav Paul Wildner:* Probleme zur Diagnostik des Brustdrüsenkrebses und seine Beziehungen zur Mastopathia chronica cystica. Dtsch. Ges.wesen *10.* 789 (1955).

Schröder, Gerd: Strahlenschäden an Rippen nach Röntgen-Tiefentherapie beim Mamma-Karzinom. Strahlentherapie *96,* 469 (1955).

Gummel, Hans, und *Gustav Paul Wildner:* Ziel und Wege klinischer und experimenteller Erforschung des Brustdrüsenkrebses. Strahlentherapie *99,* 3 (1956).

Langhof, Joachim, und *Kurt Pfeifer:* Untersuchungen über die Metastasierung des Mammakarzinoms in die axillären Lymphknoten. Dtsch. Ges.wesen *11,* 905 (1956).

Lührs, Walter, und *Gustav Paul Wildner:* Beitrag zur Hypercalcämie bei ossalen Metastasen des Mamma-Carcinoms. Dtsch. Ges.wesen *11,* 609 (1956).

Eichhorn, Hans-Jürgen: Über die Röntgenbestrahlung des Mamma-Karzinoms. Kongreßbericht über die 1. Tagung der med.-wiss. Ges. für Röntgenologie der DDR, 24.—26. März 1955, Leipzig. S. 168—177, Akademie-Verl., Berlin 1957.

Widow, Wilhelm, und *Paul Friedrich Mahnke:* Ergebnisse der Mammacarcinom-Vorbestrahlung unter Verwertung histologischer Befunde. Arch. klin. Chir. *285,* 601 (1957).

Eichhorn, Hans-Jürgen: Über die speziellen Aufgaben der Vor- und Nachbestrahlung beim Mammakarzinom. Krebsarzt *13,* 90 (1958).

Gummel, Hans, und *Gustav Paul Wildner:* The relations between the so-called mastopathia chronica cystica and mammary cancer. Proceedings of the II International Symposium on mammary cancer held at the University of Perugia, 24th to 29th July, 1957. (Hrsg. Lucio Severi.) S. 169—174, Division of Cancer Research, Perugia 1958.

Widow, Wilhelm: Die besondere Bedeutung von Retraktionsphänomenen für die Erkennung des Mammakarzinoms. Dtsch. Ges.wesen *13,* 1023 (1958).

Gummel, Hans, Reinhold Zahnert, Jürgen Oloffs und *Renate Schöpp:* Untersuchungen der alkalischen Phosphataseaktivität im Zysteninhalt bei Mastopathie III (Großcystische Mastopathie). Chirurg *30,* 444 (1959).

Berndt, Hans: Beitrag zur klinischen Statistik des Mammakarzinoms. Dtsch. Ges.wesen *15,* 591 (1960). Bemerkungen zu A. J. Delario: „Breast Cancer Factors Modifying Prognosis". Macmillian, New York 1959.

Gummel, Hans, Wilhelm Widow und *Rudolf Huber:* Kritische Betrachtungen zur präoperativen Bestrahlung des Brustdrüsenkrebses. Dtsch. Ges.wesen *15,* 329 (1960).

Gummel, Hans: Die zweckmäßigste Behandlung des Mammakarzinoms. Dtsch. Ges.wesen *15,* 1273 (1960).

Widow, Wilhelm, und *Rudolf Huber:* Zur Vorbestrahlung des Brustdrüsenkrebses. Eine kritische Stellungnahme. Chirurg *31,* 451 (1960).

Bacigalupo, Giovanni, und *Hans Gummel:* Klinische und hormonologische Aspekte der Adrenalektomie bei vorgeschrittenem Mamma-Carcinom Chirurg *32,* 395 (1961).

Bacigalupo, Giovanni: Zum Problem Mastopathie — Mamma-Carcinom. Monatskurse ärztl. Fortbild. *11,* 168 (1961).

Berndt, Hans, und *Heinrich Schwarz:* Das Bluteiweißbild des Mammakarzinoms. Arch. Geschwulstforsch. *17,* 228 (1961).

Berndt, Hans, Wolfgang Friederichs, Ina Gertich und *Heinrich Schwarz:* Einfluß des Alters auf die Prognose des Mamma-Carcinoms. Chirurg *32,* 401 (1961).

Berndt, Hans, Wolfgang Friederichs und *Heinrich Schwarz:* Eine statistische Untersuchung der Faktoren, die die Prognose des operierten Mammakarzinoms beeinflussen. Dtsch. Ges.wesen *16,* 563 (1961).

Widow, Wilhelm: Früherfassung und Behandlungsresultate beim Brustdrüsenkrebs. Zugleich ein kritischer Beitrag zur präoperativen Bestrahlung. Landarzt *37,* 662 (1961).

Geschwülste des Verdauungskanals

Gummel, Hans, und *Theodor Matthes:* Zur Früherkennung und Behandlung des Magen-Carcinoms. Dtsch. Ges.wesen *7,* 12 (1952).

Wittig, Gunther: Die Karzinome des Dünn- und Dickdarms. Z. ärztl. Fortbild. *49,* 613 (1955).

— Das Oesophagus-Carcinom und seine Behandlung. Dtsch. Ges.wesen *10,* 1088 (1955).

Langhof, Joachim: Beitrag zum Retothelsarkom des Magens. Zbl. Chir. *81,* 875 (1956).

Mühlig, Werner: Folgezustände nach Magenoperationen. Dtsch. Ges.wesen *11,* 713 (1956).

Berndt, Hans, und *Anneliese Hoffmann:* Die Bedeutung der Phosphatasen im Magensaft für die Diagnose des Magencarcinoms. Acta biol. med. germ. *3,* 303 (1959).

Gertich, Ina, Hans Berndt und *Helmut Ernst:* Untersuchungen über die Resorption von Fett nach partieller und totaler Resektion des Magens. Acta biol. med. germ. *3,* 188 (1959).

Berndt, Hans, und Irmgard Hiller: Untersuchungen über die Ausscheidung von Fett im Stuhl nach Magenoperationen. Acta biol. med. germ. *4,* 90 (1960).

Eichhorn, Hans-Jürgen, und *Wolfgang Gibel:* Über den Stand der Behandlung des Oesophaguscarcinoms. Erste Erfahrungen mit Co-60-Tiefentherapie. Dtsch. Ges.wesen *15,* 1254 (1960).

Gertich, Ina, Hans Berndt und *Helmut Ernst:* Die Fettresorption nach Magenoperation. Untersuchungen mit Radiojod-markiertem Öl. Dtsch. Z. Verdauungs- u. Stoffwechselkrankh. *20,* 279 (1960).

Gibel, Wolfgang: Abszedierende retikulozytäre Lymphadenitis mesenterialis (Maßhoff) bei einem Erwachsenen unter dem Bilde eines malignen Tumors der Zoekalwand. Zbl. Chir. *86,* 779 (1961).

Gibel, Wolfgang, Hans Gummel und *Wolfgang Friederichs:* Multiple primäre Kolonkarzinome. Dtsch. Ges.wesen *16,* 1805 (1961).

Gibel, Wolfgang: Über die Ätiologie des Oesophaguskarzinoms. Dtsch. Ges.wesen *16,* 1085 (1961).

Geschwülste der weiblichen Genitale

Eschbach, Walter: Die Neuroregulation des Ovars. Zbl. Gynäkol. *75,* 1729 (1953).

Eschbach, Walter, und *Erwin Negelein:* Über den Stoffwechsel des Portioepithels und des Portiocarcinoms im Serum. Arch. Gynäkol. *187,* 77 (1955).

— Über den Stoffwechsel des Portioepithels und des Portiocarcinoms in bikarbonathaltiger Ringerlösung. Arch. Gynäkol. *185,* 504 (1955).

Eschbach, Walter: Über den Stoffwechsel der Ektopie. Arch. Gynäkol. *188*, 81 (1956).

Eschbach, Walter, und *Erwin Negelein:* Über den Stoffwechsel des Endometriums. Arch. Gynäkol. *187*, 337 (1956).

— Der Stoffwechsel des Portioepithels in der ersten Hälfte der Schwangerschaft. Arch. Gynäkol. *187*, 497 (1956).

Eschbach, Walter: Atmung und Glykolyse des Portioepithels zwei Jahre nach Abtragung eines sogenannten Oberflächenkarzinoms. Z. Geburtshilfe Gynäkol. *148*, 1 (1957).

Eschbach, Walter, und *Martin Kludas:* Über die Fortdauer einer Besiedlung der menschlichen Scheide mit lebenden lyophilisierten Döderleinbakterien auf Wattetampons. Ärztl. Wschr. *12*, 739 (1957).

Eschbach, Walter, und *Herbert Liebig:* Behandlungsvorschlag zur Herstellung musterhafter Verhältnisse im Cervix-Portio-Vaginalbereich der geschlechtstüchtigen Frau. Med. Klin. *54*, 18 (1959).

Eschbach, Walter, und *Wolfgang Brucker:* Betrachtungen zur Genese und Klinik des Carcinoma colli uteri. I. Dtsch. Ges.wesen *14*, 2186 (1959).

Eschbach, Walter: Abnorme Abheilung elektrokoagulierten Ektopiegewebes der Portio vaginalis unter dem Einfluß von Follikelhormon. Z. Geburtshilfe Gynäkol. *155*, 175 (1960).

Eschbach, Walter, und *Wolfgang Brucker:* Betrachtungen zur Genese und Klinik des Carcinoma colli uteri. II. Dtsch. Ges.wesen *15*, 1243 (1960).

Eschbach, Walter, und *Martin Kludas:* Zur Aufrechterhaltung und Wiederherstellung musterhafter Verhältnisse der Vagina geschlechtstüchtiger Frauen durch Döderleinbakterien. Med. Klin. *55*, 1114 (1960).

Eschbach, Walter, und *Wolfgang Brucker:* Zur Induktion gesteigert atypischen Portioepithels nach Injektion eines zellfreien Filtrates aus der gleichen Gewebsart und seines bindegewebigen Grundstockes. Z. Geburtshilfe Gynäkol. *155*, 179 (1960).

— Zur zellfreien autologen Übertragung von Carcinoma colli uteri in statu nascendi. Naturwissenschaften *47*, 165 (1960).

Eschbach, Walter: Fragen zur Entstehung und Klinik des Carcinoma colli uteri. Dtsch. Ges.wesen *16*, 1277 (1961).

— Über den Nachweis von Viren in den Entstehungsterrains des Carcinoma colli uteri. Naturwissenschaften *48*, 529 (1961).

Endokrinologie

Cramer, Heinrich, und *Paul Gustav Wildner:* Die Ausscheidung der oestrogenen und gonadotropen Hormone im Urin bei gutartigen und bösartigen Geschwülsten. Arch. Geschwulstforsch. *6*, 36 (1953).

Eschbach, Walter: Beziehungen zwischen Nebennieren und Keimdrüsen. Arch. Gynäkol. *185*, 167 (1954).

Cramer, Heinrich, und *Walter Eschbach:* Wachstumshemmung des Walker-Carcinoms bei Ratten durch Placentaextrakt. Med. Klin. *50*, 161 (1955).

Eschbach, Walter: Wachstumshemmung des Walker-Carcinoms bei Ratten und des Ehrlichschen Mäuseascites-Carcinoms durch Placentaextrakt. Med. Klin. *50*, 1530 (1955).

Eschbach, Walter, und *Erwin Negelein:* Die Wirkung von Oestradiol und Progesteron auf den Stoffwechsel des Uterus infantiler Mäuse und über den Stoffwechsel des Uterus geschlechtsreifer Mäuse in den verschiedenen Phasen des Zyklus. Arch. Gynäkol. *188*, 84 (1956).

Eschbach, Walter, und *Martin Kludas:* Die Wirkung von Placentaextrakt auf das Wachstum des Jensen-Sarkoms. Med. Klin. *51*, 1406 (1956).

— Über die Wirkung von Placentaextrakt auf den Stoffwechsel des Uterus infantiler Mäuse. Med. Klin. *51*, 1294 (1956).

Cramer, Heinrich, und *Walter Eschbach:* Über gesteuerte Follikelhormonwirkungen. Z. Geburtshilfe Gynäkol. *149*, 196 (1957).

Kallenbach, Hans-Heinrich, und *Walter Malz:* Über den Einfluß der Epiphyse auf das Wachstum transplantabler Impftumoren Endokrinologie *34*, 293 (1957).

Eschbach, Walter: Über die Beeinflussung des Energiegewinns karzinomgefährdeten Portioepithels durch Sexualhormone. Z. Geburtshilfe Gynäkol. *150*, 264 (1958).

Eschbach, Walter, und *Erwin Negelein:* Über die Wirkung von in vitro zugesetztem Follikelhormon auf den Stoffwechsel des Uterus infantiler und geschlechtsreifer Mäuse und auf das Ehrlichsche Mäuse-Ascitescarcinom. Arch. Geschwulstforsch. *12*, 390 (1958).

Eschbach, Walter, und *Rudolf Hanke:* Über den Stoffwechsel wachsenden Lebergewebes nach partieller Hepatektomie und den Versuch diesen Stoffwechsel durch Follikelhormon zu beeinflussen. Acta biol. med. germ. *1*, 49 (1958).

Matthes, Theodor, und *Heinrich Kriegel:* Über die Speicherung von Thoriumdioxyd in den Keimdrüsen von Kaninchen und beim Menschen. Eine autoradiographische Studie Strahlentherapie *105*, 441 (1958).

Bacigalupo, Giovanni, Walter Lührs und *Eberhard Heise:* Experimentelle Unter-Vopr. onkol. *5*, 171 (1959).

Bacigalupo, Giovanni, Walter Lührs und *Eberhard Heise:* Experimentelle Untersuchungen über den Einfluß von L-3, 5, 3-Trijodthyronin auf Tumorstoffwechsel und -wachstum. Acta biol. med. germ. *2*, 455 (1959).

Lührs, Walter, Eberhard Heise und *Giovanni Bacigalupo:* Influence of 1—3, 5, 3-Trijodthyronine on the oxydative phosphorylation of tumor mitochondria. Nature *183*, 1534 (1959).

Bacigalupo, Giovanni, und *Kurt Schubert:* Besonderheiten im Steroidstoffwechsel bei Mastopathie und Brustkrebs unter Testosteroneinwirkung. Arch. Geschwulstforsch. *16*, 222 (1960).

Bacigalupo, Giovanni, Kurt Schubert und *G. Rose:* 7-Ketochloesterin ein neues Harnsteroid. Naturwissenschaften *47*, 497 (1960).

Bacigalupo, Giovanni: Klinische und hormonale Veränderungen nach Radiogoldimplantation in die Hypophyse. Dtsch. Ges.wesen *15*, 1688 (1960).

Schubert, Kurt und *Giovanni Bacigalupo:* Über das Vorkommen von C 19-Steroiden mit UV-Absorption bei Mastopathie und Brustkrebs. Arch. Geschwulstforsch. *16*, 237 (1960).

Bacigalupo, Giovanni und *Kurt Schubert:* Untersuchungen über die Oestrogenausscheidung im Urin bei Mastopathie. Klin. Wschr. *38*, 804 (1960).

Eschbach, Walter: Steigerung der Atmung und Glykolyse menschlicher Epidermis durch unmittelbare Wirkung von Placenta-Salbe. Hautarzt *11*, 515 (1960).

Gummel, Hans, Giovanni Bacigalupo und *Kurt Schubert:* Vergleichende Steroidhormon-Untersuchungen bei Brustkrebs und Mastopathie. Chirurg *31*, 491 (1960).

Lührs, Walter: Experimentelle und erste klinische Beobachtungen mit Trijodthyronin bei malignen Prozessen. Radiobiol. Radiother. *1*, 164 (1960).

Bacigalupo, Giovanni, Kurt Schubert und *G. Frankenberg:* Der Corticoidsteroidspiegel des Blutes bei Mastopathie und Brustkrebs unter ACTH-Belastung. Arch. Geschwulstforsch *17*, 108 (1961).

Bacigalupo, Giovanni: Steroidstoffwechsel bei Mastopathie unter Oestradioleinwirkung. Arch. Geschwulstforsch. *17*, 207 (1961).

Chemotherapie des Krebses

Lindemann, M., und *Hans Gummel:* Losttherapie bei bösartigen Geschwülsten. Dtsch. Ges.wesen *5*, 1506 (1950).

Lührs, Walter: Chemotherapie beim bösartigen Wachstum unter Berücksichtigung eines Triazinderivates als vorläufiger Bericht. Ref.: Z. ges. inn. Med. Grenzgebiete *7*, 816 (1952).

— Die Chemotherapie des malignen Wachstums. Dtsch. Ges.wesen *7*, 1010 (1952).

— Der heutige Stand in der medikamentösen Behandlung bösartiger Geschwülste. Wiss. Ann. *1*, 39 (1952).

Lührs, Walter, und *Helmut Willig:* Über den Einfluß von Hyaluronidase und 2,4,6-Triaethylenimino und 1,2,5-Triazin (TEM) auf das Wachstum des Jensen-Sarkoms der Ratte. Dtsch. Ges.wesen *7*, 1537 (1952).

Lührs, Walter: Antiwuchsstoffe. In: Probleme der Krebsforschung und Krebsbekämpfung (Sonderbände Strahlentherapie) Berlin 1953.

Lührs, Walter, und *Ingeborg Kindermann:* Über die Beeinflussung des Jensensarkoms der weißen Ratte durch eine fixierte Rhodanwasserstoffsäure (Orthromin). Z. ges. inn. Med. Grenzgebiete *8*, 974 (1953).

Lührs, Walter: Über den Wirkungsmechanismus einiger tumorhemmender Substanzen. Z. Chem. Techn. 509 (1953).

Cramer, Heinrich: Krebshemmende Substanzen und Faktoren. In: Probleme der Krebsforschung und Krebsbekämpfung. (Sonderbände Strahlentherapie) S. 107—118, Berlin 1954.

Lührs, Walter, Joachim Schammel und *Hans-Heinrich Lotz:* Über das zusätzliche Auftreten eines Karzinoms bei einer mit TEM behandelten bösartigen Systemerkrankung. Z. ges. inn. Med. Grenzgebiete *9*, 295 (1954).

Lührs, Walter, und *Helmut Willig:* Weitere tierexperimentelle Untersuchungen über den Einfluß von Hyaluronidase auf das bösartige Wachstum. Arch. Geschwulstforsch. *6*, 183 (1954).

Matthes, Theodor: Thorotrastschäden und Krebsgefahr. Arch. Geschwulstforsch. *6*, 162 (1954).

Mordeja, Joachim: Gibt es eine Prophylaxe des Krebses? Wiss. Ann. *3*, 212 (1954).

Lührs, Walter: Moderne cytostatische Therapie der Leukosen. Dtsch. Ges.wesen *10*, 1365 (1955).

Matthes, Theodor, und *Karl Schmidt:* Über die carcinocolytische Wirkung der Cochlearia armoracia beim Ehrlichschen Mäuseascites-Carcinom, dem Jensen-Sarkom der Ratte und beim Hautkrebs des Menschen. Ärztl. Forsch. *9*, 358 (1955).

Lührs, Walter, und *Horst Bothe:* Über die Beeinflußbarkeit von bösartigen Tiertumoren durch Fluorcholin. Ärztl. Forsch. *10*, 343 (1956) T. I.

Heise, Eberhard, Walter Lührs und *Otto Neunhoeffer:* Der Einfluß von Dehydroascorbinsäure auf den Tumorstoffwechsel. Naturwissenschaften *44*, 425 (1957).

Lührs, Walter: A contribution to the question glucosamine on the growth retardation of tumours. Acta Unio internat. cancr. *13*, 480 (1957).

— Ein Versuch chemotherapeutischer Beeinflussung inoperabler bzw. für eine Strahlentherapie nicht geeigneter Kranker mit einem Bronchialkarzinom. Therap. Gegenwart *1*, 9 (1957).

— Entwicklung und Stand der derzeitigen Chemotherapie. Abh. dtsch. Akad. Wiss. Berlin Kl. med. Wiss. Nr. 1, 1957.

— On the susceptibility of malignant animal toumors by fluorocholine. Acta Unio internat. cancr. *13*, 428, (1957).

Ernst, Helmut, Hans-Willfried Rathenow und *Hans-Jürgen Eichhorn:* Untersuchungen mit der P 32-Indikatormethode über die Hemmwirkung von N-Oxyd-Lost (Mitomen) auf Walker-Carcinom und Normalgewebe der Ratte. Acta biol. med. germ. *1*, 101 (1958).

Heise, Eberhard, Walter Lührs und *Otto Neunhoeffer:* Der Einfluß von Adenochrom auf den Stoffwechsel der Tumorzelle. Z. Krebsforsch. *62*, 509 (1958).

— Über den Einfluß von Dehydroascorbinsäure auf den Tumorstoffwechsel. Z. Krebsforsch. *62*, 509 (1958).

Lührs, Walter, Eberhard Heise und *Hans Berndt:* Beitrag zum Einfluß von Zymosan auf das tierexperimentelle Tumorwachstum. Z. Krebsforsch. *62*, 516 (1958).

Lührs, Walter: Cytostatica oder Röntgentherapie zur Leukose-Behandlung. Acta med. acad. scientiarum Hung. *11*, 167 (1958).

— Problematik in der Biochemotherapie des bösartigen Wachstums. Arch. Geschwulstforsch. *12*, 226 (1958).

— Zur Problematik der Behandlungsmöglichkeiten mit Cystostaticis und Antimetaboliten. Krebsarzt *13*, 63 (1958).

Bacigalupo, Giovanni, und *Walter Lührs:* Beeinträchtigung des Tumorwachstums durch Entkopplung der oxydativen Phosphorylierung. Angew. Chem. *71*, 477 (1959).

— Entkopplung der oxydativen Phosphorylierung als neuartiges Prinzip zur Tumorbeeinflussung. Méd. et hyg. 481 (1959).

— Une nouvelle méthode thérapeutique fondée sur l'inhibition de la phosphorylation oxydante. Méd. et hyg., *17*, 652 (1959).

Lührs, Walter, Giovanni Bacigalupo, Bernhard Kadenbach und *Eberhard Heise:* Der Einfluß von Chlorpromazin auf die oxydative Phosphorylierung von Tumormitochondrien. Experientia (Basel) *15*, 376 (1959).

Lührs, Walter: Experimentelle und klinische Versuche, mit einer kombinierten Chemotherapie erfolgreicher arbeiten zu können. In: Krebsforschung und Krebsbekämpfung. Bd. 3 (Sonderbände Strahlentherapie Bd. *41*) 377, 1959.

Lührs, Walter, und *Giovanni Bacigalupo:* Tierexperimenteller und klinischer Versuch über die Beeinflussung des Tumorwachstums durch Dehydroascorbinsäure. Ärztl. Forsch. *13*, 57 (1959).

Heise, Eberhard: Zur Stoffwechselbeeinflussung der Krebszelle durch Dehydroascorbinsäure. Dtsch. Ges.wesen *15*, 167 (1960).

Lührs, Walter: Der heutige Stand der sogenannten internen Tumortherapie, speziell in der ambulanten Praxis. Monatskurse ärztl. Fortb. *10*, 5 (1960).

Lührs, Walter, und *Giovanni Bacigalupo:* Experimental and clinical efforts for a more succesful combined chemotherapy of cancer. Bol. Oncol. *3*, 57 (1960).

Kadenbach, Bernhard, T. E. Conover und *Lars Ernster:* A study of the effect of amytal on the respiration of rat liver slices. Acta chem. Scand. *14*, 1850 (1960).

Kadenbach, Bernhard: Beeinflussung des Energiestoffwechsels von Tumorzellen durch Entkoppler der oxydativen Phosphorylierung. Dtsch. Ges.wesen *15*, 170 (1960).

Lührs, Walter: Forschungsrichtungen auf dem Gebiete der Chemotherapie des Krebses (russ.) Vopr. Onkol. *6*, 38 (1960).

— Kurative Maßnahmen bei Krebskranken. Therapiewoche *10*, 29 (1960).

— Neue Möglichkeiten und Aspekte der Chemotherapie der Tumoren. Therap. Gegenwart *99*, 375 (1960).

— Neue Wege für die Chemotherapie des Krebses. Dtsch. Ges.wesen *15*, 165 (1960).

— Über spezielle Fragen der Chemotherapie bösartiger Geschwülste. Abh. dtsch. Akad. Wiss. Berlin, Kl. med. wiss. Nr 3 Akademie-Verl. 1960.

Strahlentherapie, Strahlenbiologie und Strahlenphysik

Huber, Rudolf: Die Röntgenhochstromtherapie als Erweiterung der Röntgentherapie nach standardisierten Bedingungen. Dtsch. Ges.wesen *8*, 469 (1953).

Eichhorn, Hans-Jürgen: Über Erythemdosen in r bei Radiumbestrahlung mit fallender Dosisleistung. Arch. Geschwulstforsch. *6*, 318 (1954).

Hoffmann, Maria, und *Gerd Schröder:* Ein Beitrag zur Frage der indirekten Wirkung der Röntgenstrahlen auf das Walkerkarzinom der Ratte und ein Vergleich zur Einwirkung des Senfmehls auf das Tumorwachstum. Strahlentherapie *93*, 31 (1954).

Hoffmann, Maria, Gerd Schröder und *Eckardt Töppich:* Zweite Mitteilung zur Frage einer indirekten Wirkung der Röntgenstrahlen und zur Frage einer Unterstützung der tumorwachstumshemmenden Wirkung der Röntgenstrahlen durch zusätzliche Behandlung mit Senfmehl. Strahlentherapie *95*, 609 (1954).

Huber, Rudolf, Hans Thiel und *Helmut Simon:* Über die abnorme Dosisverteilung im Strahlenfeld als mögliche Fehlerquelle bei Röntgentherapiegeräten. Strahlentherapie *94*, 460 (1954).

Hoffmann, Maria, und *Siegfried Matschke:* Dritte Mitteilung zur Frage einer indirekten Wirkung der Röntgenstrahlen auf das Walkerkarzinom der Ratte. Strahlentherapie *97*, 594 (1955).

Huber, Rudolf: Über die fehlerhafte Dosisangabe in der Röntgentiefentherapie mit dem indirekten Meßverfahren. Strahlentherapie *97*, 444 (1955).

Eichhorn, Hans-Jürgen: Die Bedeutung neuer Strahlenqualitäten (Betatron und Kobaltbombe) in der Röntgentherapie für die Behandlung der Geschwulstkrankheiten. Dtsch. Ges.wesen *11*, 1636 (1956).

Eichhorn, Hans-Jürgen, und *Siegfried Matschke:* Untersuchungen über die Dosisverteilung bei der Siebbestrahlung am Phantom und Patienten. Strahlentherapie *99*, 536 (1956).

Kölle, Hans-Wolfgang, Hans-Jürgen Eichhorn und *Karlheinz Degenhardt:* Die Herstellung von Isodosentafeln mittels einer photographischen Methode. Probleme und Ergebnisse aus Biophysik und Strahlenbiologie, S. 205, Thieme Verl. Leipzig 1956.

Huber, Rudolf, Siegfried Matschke, Wilhelm Schmidt und *Horst-Georg Müller:* Über maßgebliche Gründe zur Entwicklung einer Röntgen-Tiefentherapie-Anlage mit 220 kV und 50 mA bei kontinuierlich konstanter Gleichspannung. Probleme und Ergebnisse aus Biophysik und Strahlenbiologie, S. 56, Thieme Verl., Leipzig 1956.

Huber, Rudolf, Siegfried Matschke und *Karlheinz Degenhardt:* Physikalische, technische und biologische Gesichtspunkte zur Behandlung tiefliegender Geschwülste mit Hochvolt- und ultraharter Röntgenbestrahlung. Wiss. Z. Hochschule Elektrotechn. Ilmenau, *2*, 67 (1956).

Ernst, Helmut: Bericht über die Einrichtung der Isotopenstation und die bisher durchgeführten Arbeiten mit radioaktiven Isotopen in der Geschwulstklinik des Instituts für Medizin und Biologie. Dtsch. Ges.wesen 12, 1598 (1957).

Huber, Rudolf, und *Siegfried Matschke:* Über die Wirkung energiereicher ionisierender Strahlung auf biologische Systeme und Maßnahmen für einen aktiven und passiven Strahlenschutz. Dtsch. Ges.wesen *12,* 1257 T. I (1957). 1285 T. II (1957).

Huber, Rudolf: Über die fehlerhafte Dosisangabe in der Röntgentiefentherapie mit dem indirekten Meßverfahren. Kongreßbericht über die 1. Tagung der med.-wiss. Ges. für Röntgenologie der DDR, 24.—26. März 1955, Leipzig, S. 326—333, Akademie-Verl., Berlin 1957.

Eichhorn, Hans-Jürgen, und *Siegfried Matschke:* Die Dosisverteilung bei der Siebbestrahlung im Hinblick auf Theorien über eine besondere biologische Wirkungsweise. Kongreßbericht über die 2. Tagung der med.-wiss. Ges. für Röntgenologie der DDR 20.—22. April 1956, Berlin, S. 388—397, Akademie-Verl. Berlin 1958.

Huber Rudolf: Über die Wirkung energiereicher ionisierender Strahlung auf Säugetiere und Mensch. Z. Hyg., *4,* 211 (1958).

Huber, Rudolf, E. Bender, Adalbert Rakow und *G. Reissig:* Wachstumshemmung verschiedener biologischer Objekte in Abhängigkeit von der Dosisleistung. Arch. Gewulstforsch. *14,* 59 (1958).

Eichhorn, Hans-Jürgen: Untersuchungen über die relative Biologische Wirksamkeit verschiedener Strahlenqualitäten an Säugetieren in vivo. Strahlentherapie *110,* 325 (1959).

Eichhorn, Hans-Jürgen, und *Siegfried Matschke:* Untersuchungen über die Dosisverteilung bei der Siebbestrahlung. II. Mitteilung (Raumdosis und Oberflächendosis). Strahlentherapie. *109,* 305 (1959).

Ernst, Helmut: Möglichkeiten und Grenzen der klinischen Isotopenanwendung. Dtsch. Ges.wesen *14,* 1999 (1959).

— Diagnose und Behandlung bösartiger Schilddrüsengeschwülste mit Radiojod. Med. rabotnik (1959).

Huber, Rudolf, und *Eduard Iglauer:* Gedanken zum Einsatz neuzeitlicher technischer Verfahren zur Strahlenbehandlung tiefliegender Geschwülste. Čsl. Röntgenol. *13,* 400 (1959).

Rakow, Adalbert: Strahlenschutzmaßnahmen bei der Pflege von Patienten mit Radium- und Kobalteinlagen. Strahlentherapie *110,* 301 (1959).

Schmidt, Ferdinand, Rudolf Huber und *Rosa Coutelle:* Über den Einfluß der Desoxyribonukleinsäure auf die Überlebenszeit ganzkörperbestrahlter Ratten. Acta biol. med., germ. *3,* 624 (1959).

Eichhorn, Hans-Jürgen: Über die besondere biologische Wirkungsweise der Siebbestrahlung. Strahlenforschung und Strahlenbehandlung. Bd. 2 (Sonderbände Strahlentherapie) S. 143—144, 1960.

Eichhorn, Hans-Jürgen, und *Siegfried Matschke:* Neue Untersuchungen über die Bedeutung der Raumdosis und der Dosisverteilung im Nutzstrahlenkegel für das Bestrahlungssyndrom. Probleme und Ergebnisse aus Biophysik und Strahlenbiologie. Akademie-Verl., Berlin 1960.

Huber, Rudolf, A. W. Harhash und *Wolfgang Brucker:* Zur Wirkung von Röntgenstrahlen und verschiedenen radioprotektiven Substanzen auf den Pilz *Phycomyces.* Acta biol. med. germ. *5*, 146 (1960).

Huber, Rudolf, Wolfgang Brucker und *Ellinor Schröder:* Zur Wirkung von Dehydroascorbinsäure auf die Überlebenszeit röntgenbestrahlter Mäuse. Acta biol. med. germ. *4*, 529 (1960).

Schmidt, Ferdinand, und *Rudolf Huber:* Der Einfluß der Bartonellenanämie auf die Strahlenwirkung bei Ratten. Acta biol. med. germ. *4*, 535 (1960).

Schröder, Ellinor, Hans-Günther Thom, Claude Nicolau und *Rudolf Huber:* Elektronenresonanz-Untersuchungen über die Reaktion einiger Strahlenschutzstoffe mit freien Radikalen. Strahlentherapie *112*, 457 (1960).

Täufel, K., R. Zimmermann und *Rudolf Huber:* Über die Bildung von Carbonylverbindungen aus gesättigten Fettsäuren durch ^{60}Co-γ-Strahlung. Naturwissenschaften *47*, 355 (1960).

Ernst, Helmut, und *Horst Heine:* Schilddrüsenkarzinom: Szintigraphischer Nachweis von Fernmetastasen bei negativem Röntgenbefund. Fortschr. Röntgenstr. Nuklearmed. *94*, 832 (1961).

Schmidt, Ferdinand, Eberhard Liß und *Helmut Ernst:* Modellversuche an Transplantationstumoren zur Lokalisationsdiagnostik von malignen Geschwülsten mit Hilfe radioaktiver Isotope. Strahlentherapie *114*, 415 (1961).

Anästhesie und postoperative Behandlung

Barth, Lothar: Gesichtspunkte zur Herstellung, Auswahl und Anwendung der Endotrachealtuben. Dtsch. Ges.wesen *6*, 1501 (1951).

— Über die Bedeutung der modernen Narkosetechnik in der Chirurgie. Dtsch. Ges.wesen *6*, 132 (1951).

— Der modifizierte Magill-Tubus und seine Beziehungen zur Anatomie der Luftwege. Zbl. Chir. *77*, 81 (1952).

— Grundlagen der Narkoseleitung bei geschlossenem System. Dtsch. Ges.wesen *7*, 585 (1952).

Barth, Lothar, und *Wolfgang Bosse:* HL 8562 (Bistrimethylammoniumdekandibromid) als Muskelrelaxans in der Narkosepraxis. Dtsch. Ges.wesen *7*, 1043 (1952).

Barth, Lothar: Moderne Anschauungen über den Schock, dessen Verhütung und Bekämpfung. Dtsch. Ges.wesen *7*, 62 (1952).

Barth, Lothar, Wolfgang Bosse und *H. Herrig:* „Pantolax" (Succinylbis-cholin-chlorid), ein kurzwirkendes Muskelrelaxans für die Narkosepraxis. Medizinische 1195, (1952).

Barth, Lothar: Zur Ausbildung von Narkosespezialärzten. Wiss. Ann. *7*, (1952).

— Zur Anwendung und Dosierung einiger synthetischer Muskelrelaxantien. Dtsch. Ges.wesen *8*, 825 (1953).

Barth, Lothar: Anwendung der Diffusionsatmung bei der Bronchoskopie. Anaesthesist *3,* 227 (1954).
— Die Anwendung der Allgemeinbetäubung bei der Bronchoskopie. Thoraxchir. *2,* 23 (1954).
— Narkosetechnische Maßnahmen zur Verhütung respiratorischer Komplikationen bei der Operation von „nassen" Lungen. Z. ärztl. Fortb. *48,* 37 (1954).
— Untersuchungen über die Diffusionsatmung des Menschen. Abh. dtsch. Akad. Wiss. Berlin 1953. Nr. 3 Akademie-Verl., Berlin 1954.
— Untersuchungen über die Wirkungsdauer von Pantocainlösungen mit und ohne Adrenalinzusatz an der Tracheobronchialschleimhaut des Menschen. Fortschr. Röntgenstr. Nuklearmed. *80,* 396 (1954).
Wittig, Gunther: Narkose und Anaesthesie. de Gruyter, Berlin 1954.
Barth, Lothar: Die flexible Curettenzange, ein Hilfsmittel zur Erweiterung der bronchendoskopischen Diagnostik. Chirurg *26,* 143 (1955).
— Gefährliche Komplikationen bei Anwendung kurzwirkender Muskelrelaxantien. Bemerkungen zur gleichnamigen Arbeit von Grohmann und Kerrines. Zbl. Chir. *80,* 1841 (1955).
— Die Atemwiderstände einiger Narkosegeräte. Dtsch. Ges.wesen *11,* 358 (1956).
— Die alveolaren Ventilationsverhältnisse bei intermittierender Überdruckbeatmung während intrathorakaler Operation. Thoraxchir. *3,* 451 (1956).
— Erfolgreiche Wiederbelebung bei Herzstillstand und Kammerflimmern trotz erheblicher Überschreitung der 4-min-Grenze. Chirurg 27, 440 (1956).
— Medizinisches Wörterbuch (Fachgebiet Anästhesie). Volk und Gesundheit, Berlin 1956.
— A simple device for automatic pressure control during alternating positive-negative pressure ventilation Brit. J. Anaesth. *29,* 84 (1957).
Barth, Lothar, M. Huson Holmdahl, B. Löf, K. J. Öbrink und *H. Ulfendahl:* The ventilation of the lungs and the acid-base balance in thoracic surgery. Acta chir. Scand. *113,* 413 (1957).
Kronschwitz, Helmut: Fünf Jahre Wachstation. Anaesthesist 6, 335 (1957).
Barth, Lothar: Atemphysiologische Probleme der modernen Anästhesie. Jahreskongress 1957 für ärztliche Fortbildung. (Hrsg. H. Redetzky und H. Thiele), S. 168—180, Volk und Gesundheit, Berlin 1958.
— CO_2-Intoxikation infolge Atemkalkinsuffizienz. Anästhesist 7, 204 (1958).
— Methoden und Probleme der künstlichen Beatmung. Z. ärztl. Fortb. *52,* 466 (1958).
Barth, Lothar, Hans-Jürgen Eichhorn, Manfred Meyer, Veronika Konow und *Helmut Kronschwitz:* Über die Häufigkeit endobronchialer Sekretverschleppung bei Lungenoperationen in Abhängigkeit von der Intubations- und Lagerungstechnik. Chirurg *29,* 544 (1958).
Kronschwitz, Helmut: Fragen der modernen Anästhesie vom Standpunkt des praktizierenden Arztes. Jahreskongress 1957 für ärztliche Fortbildung, Volk und Gesundheit S. 189—194, Berlin 1958.

Meyer, Manfred: Der „künstliche" Winterschlaf in der Medizin. Wiss. Fortschr. *8*, 71 (1958).
Barth, Lothar: Druckbelastung zwischen Manschetten-Innendruck und Druckbelastung der Trachea bei Benutzung von Manschetten-Tuben. Anaesthesist *8*, 358 (1959).
— Klinische Erfahrungen mit Prethcamid, einem Atmungsanaleptikum mit protahierter Wirkung. Anaesthesist *8*, 25 (1959).
Konow, Veronika: Muskelschmerzen nach Succinylcholin. Ein Versuch der Beeinflussung durch Germanin (Bayer 205) Anaesthesist *8*, 109 (1959).
Kronschwitz, Helmut: Über das „Mitatmen" von Atemschläuchen, ein experimenteller Beitrag. Anaesthesist *8*, 180 (1959).
Kronschwitz, Helmut, und *Günter Kaufmann:* Eine Hilfe zur frühzeitigen Entdeckung von Bronchialsekret während der Narkose. Anaesthesist *8*, 200 (1959).
Meyer, Manfred: Die postoperative Behandlung ausgedehnter Magen-Darm-Resektionen hinsichtlich Elektrolyt- und Eiweißhaushalt. Langenbeck's Arch. *292*, 132 (1959).
— Zur intestinalen Kaliumapplikation bei Motilitätsstörungen nach Magenresektionen. Acta biol. med. germ. *3*, 264 (1959).
Barth, Lothar: Bruttoventilation, alveolare Ventilation und Lungendurchblutung bei künstlicher Beatmung am offenen Thorax. Habilitation — Berlin 1960.
— Die Entwicklung der modernen Anästhesie. Dtsch. Ges.wesen *15*, 1704 (1960).
Meyer, Manfred: Die Bedeutung der Elektrolyte für Anästhesie und postoperative Therapie. Anaesthesist *9*, 1 (1960).

Innere Medizin, allgemeine Chirurgie und andere Grenzgebiete

Lührs, Walter: Morphologische und Bluteiweißuntersuchungen bei qualitativem Nahrungsmangel. Z. ges. inn. Med. Grenzgebiete *5*, 1 (1950).
— Über Nephrose. Dtsch. Ges.wesen *5*, 1376 (1950).
— Über die Wirkungsweise von thyreostatischen Stoffen. Dtsch. Ges.wesen *5*, 365 (1950).
Lührs, Walter, und *Helmut Willig:* Cholinesterase und tierexperimentelle Hyperfollikulinie. Dtsch. Ges.wesen *8*, 613 (1953).
Schoffa, Georg: Die modernen Anschauungen vom Dia- und Paramagnetismus. Wiss. Ann. *3*, 788 (1954).
— Ein Nomogramm zur Berechnung der Prothrombinkonzentration. Z. ges. inn. Med. Grenzgebiete *9*, 1255 (1954).
Berndt, Hans: Kryoglobulinämie. Blut *1*, 255 (1955).
— Über eine wenig bekannte Ursache von Störungen bei Laboratoriumsuntersuchungen: Die Kryoglobulinämie. Ärztl. Laborat. *1*, 211 (1955).
Matthes, Theodor: Neue Gesichtspunkte zur Ätiologie, Diagnostik und Therapie intrathorakaler Strumen. Dtsch. Ges.wesen *10*, 281 (1955).

Schoffa, Georg: Ein einfaches Verfahren zur Prüfung der Erythrozyten-Leukozyten- und Hämoglobinpipetten. Dtsch. Ges.wesen *10*, 133 (1955).

— Die methodischen Fehlerquellen der Grundumsatzbestimmung. Z. ges. inn. Med. Grenzgebiete *10*, 45 (1955).

Wagner, Rudolf: Vom Altersschicksal der menschlichen Niere. Z. ges. inn. Med. Grenzgebiete *10*, 105 (1955).

Berndt, Hans: Die Kälteagglutininkrankheit. Bemerkungen zur Arbeit von W. Baumgartner in Schweiz. med. Wschr. *85*, 1157 (1955). Schweiz med. Wschr. *86*, 443 (1956).

Wagner, Rudolf: Die postoperative akute Niereninsuffizienz. Dtsch. Ges.wesen *11*, 681 (1956).

Zahnert, Reinhold: Der Einfluß von Penicillin und Streptomycin auf die zweite Phase der Blutgerinnung (Thrombinbindung). Z. ges. inn. Med. Grenzgebiete *11*, 1140 (1956).

Berndt, Hans: Panhämozytopenie bei Sepsis lenta. Dtsch. Ges.wesen *12*, 1352 (1957).

Wagner, Rudolf: Über den Einfluß ausgedehnter chirurgischer Eingriffe auf die Nierenfunktion. Chirurg *28*, 258 (1957).

— Zum Harnstoffbindungsvermögen von Kunstharzen. Naturwissenschaften *44*, 617 (1957).

Widow, Wilhelm: Ein Beitrag zur Klinik und Behandlung der Oesophagustuberkulose. Zbl. Chir. *83*, 1093 (1958).

— Ein Beitrag zur Phlegmasia caerulea dolens. Dtsch. Ges.wesen *13*, 213 (1958).

Zahnert, Reinhold: Prophylaxe und Therapie von Thrombosen und Embolien. Volk und Gesundheit, Berlin 1958.

Berndt, Hans: Die Bedeutung der Erythrozytengröße für die Klinik. Dtsch. Ges.wesen *14*, 1188 (1959).

— Einfluß von Herz- und Lungenerkrankungen auf das Volumen und die Farbstoffkonzentration der Erythrozyten. Acta med. Scand. *165*, 41 (1959).

Meyer, Manfred: Die Behandlung der Volumenzunahme des Gehirns mit Elektrolytsubstitution und Hemmung der Carboanhydrase. Praxis *48*, 890 (1959).

Oloffs, Jürgen, und *Reinhold Zahnert:* Beitrag zur Ätiologie des gastrokardinalen Symptomkomplexes (Roemheld). Dtsch. Ges.wesen *14*, 841 (1959).

Schöpp, Renate, und *Walter Lührs:* Beitrag zur Bestimmung von Magnesium im Serum mit Titangelb. Z. ges. inn. Med. Grenzgebiete *14*, 1113 (1959).

Zahnert, Reinhold, und *Jürgen Oloffs:* Der Wert der Thrombozytenzählung, Blutungs- und Gerinnungszeit für die Erkennung der postoperativen Emboliegefährdung. Dtsch. Ges.wesen *14*, 1597 (1959).

Berndt, Hans, und *Wolfgang Friederichs:* Beitrag zur Klinik der Panniculitis Weber-Christian. Z. ges. inn. Med. Grenzgebiete *15*, 67 (1960).

Berndt, Hans, und *Helmut Ernst:* Funktionsproben des R. E. S. mit Radiogold. Dtsch. Ges.wesen *15*, 1688 (1960).

Berndt, Hans: Nahrungsfett und Atherosklerose. Dtsch. Ges.wesen *15*, 2141 (1960).

Ernst, Helmut: Scintigraphische Darstellung einer Leistenhernie nach intraperitonealer Radiogold-Applikation. Fortschr. Röntgenstr. Nuklear. med. *92,* 224 (1960).

Heise, Eberhard: Dehydroascorbinsäure und ihr Einfluß auf den Harnstoffcyclus. Dissertation — Berlin 1960.

Zahnert, Reinhold, und *Jürgen Oloffs:* Betrachtungen über Zusammenhänge zwischen Magenoperationen mit Splenektomie und tödlicher Lungenembolie. Z. ges. inn. Med. Grenzgebiete *15,* 459 (1960).

— Untersuchungen über den Einfluß des Magnesiums auf plasmatische Gerinnungsfaktoren und Thrombelastogramm (TEG). Dtsch. Ges.wesen *15,* 2343 (1960).

Zahnert, Reinhold, Jürgen Oloffs und *Renate Schöpp:* Untersuchungen über Veränderungen des Serum-Magnesium-Adipinat. Dtsch. Ges.wesen *15,* 885 (1960).

Berndt, Hans: Die Dokumentation an der Robert-Rössle-Klinik. Med. Dok. *5,* (1961).

Berndt, Hans, Helmut Ernst und *Ullrich Prösch:* Die Funktionsprüfung des RES der Leber mit kolloidalem Radiogold. Physiologische Grundlagen, Methodik und Normalwerte. Z. ges. inn. Med. Grenzgebiete *16,* 25 (1961).

Oloffs, Jürgen, und *Helmut Ernst:* Zur Diagnostik und Therapie der „aktiven Schilddrüsenhyperplasie". Dtsch. Ges.wesen *16,* 571 (1961).

Medizinische Technik

Lührs, Walter: Physikalische Geräte in der medizinischen Diagnostik. Med. Technik *10,* 213 (1950).

Barth, Lothar: Die flexible Curettenzange, ein Hilfsmittel zur Erweiterung der bronchendoskopischen Diagnostik. Chirurg *26,* 143 (1955).

Kronschwitz, Helmut: Die intravenöse Infusion der Kunststoffkapillare in der modernen Anästhesie. Zbl. Chir. *81,* 531 (1956).

— Intravenöse Injektion und Infusion mit einer modifizierten Mitchell-Nadel. Dtsch. Ges.wesen *11,* 1294 (1956).

Kronschwitz, Helmut, und *Lothar Barth:* Das neue Lachgas-Narkosegerät Medi LN 418. Dtsch. Ges.wesen *12,* 1015 (1957).

Vormum, Günther, und *Helmut Ernst:* Ein Gerät zur Applikation von radioaktivem Gold unter Berücksichtigung des Strahlenschutzes. Strahlentherapie *104,* 127 (1957).

Borrmann, Hans, und *Helmut Kronschwitz:* Tiernarkosegerät TN 415 (nach Prof. Dr. Schebitz) In: Medizintechnik (Hrsg. Hans Borrmann) Verl. Technik, Berlin 1958.

Ernst, Helmut, und *Günter Kaufmann:* Ein neuartiger Photo-Scanner zur bildmäßigen Darstellung der Verteilung radioaktiver Isotope im Organismus. Dtsch. Ges.wesen *13,* 1055 (1958).

Kaufmann, Günther, und *Helmut Ernst:* Fotoscanning: Eine trägheitslose Registrierung von Modulationsgammagrammen. Strahlentherapie *107*, 493 (1958).

Kronschwitz, Helmut: Wissenschaftliche Überarbeitung des Buches „Medizintechnik" (Hrsg. Hans Borrmann), Verl. Technik Berlin 1958.

Rakow, Adalbert: Ein Tresor für die medizinische Radiumapplikation. Strahlentherapie *3*, 478 (1959).

Ernst, Helmut: Radioaktive Isotope und Scintigraphie in der Medizin. Medizintechnik (Hrsg. Hans Borrmann), Verl. Technik, Berlin 1960.

-- Eine neuartige Methode der klinischen Scintigraphie. Probleme und Ergebnisse aus Biophysik und Strahlenbiologie. II, S. 143, Akademie-Verl., Berlin 1960.

Gertich, Ina, Günther Vormum, Gerhard Nagli und *Hans Berndt:* Eine einfache Methode zur Markierung von Fetten mit Radiojod. Dtsch. Ges.wesen *15*, 2053 (1960).

Eichhorn, Hans-Jürgen, Helmut Ernst und *Wolfgang Friederichs:* Erfahrungen mit einem Preßluft-Drillbiopsiegerät. Dtsch. Ges.wesen *16*, 2017 (1961).

INSTITUT FÜR ZELLPHYSIOLOGIE

Anoxygen energieaktive Metabolite

Biomechanismus des Phosphatstoffwechsels

Zellstoffwechsel

Antimetabolitwirkung von 2,4-Dinitrophenol

Pasteureffekt

Methodik

Verschiedenes

Anoxygen energieaktive Metabolite

Windisch, Friedrich, Willy Nordheim und *Walter Heumann:* Ein in Hefezellsaft enthaltenes thermostabiles Agens von biologisch O_2-substituierender Funktion. Z. physiol. Chem. *306,* 195 (1957).

Windisch, Friedrich, und *Willy Nordheim:* Anoxygene Reaktivierung der Zellvermehrung nach anoxybiotisch hervorgerufener Zytostase (Anabiose). Experientia (Basel) *13,* 155 (1957).

Windisch, Friedrich, Hugo Haehn, Walter Heumann, Willy Nordheim und *Brigitte Kroll:* Generative Wirkung von O_2-freien Kochextrakten aus Krebsgeweben auf anabiotische Hefezellen. Naturwissenschaften *44,* 94 (1957).

Windisch, Friedrich, Walter Heumann und *Willy Nordheim:* Entdeckung eines in Krebsgeweben gespeicherten, anoxygene Energiereaktionen auslösenden Wirkstoffes. Z. Naturforsch. *12 b,* 348 (1957).

Windisch, Friedrich, Willy Nordheim, Walter Heumann, Wolfgang Schacht und *Brigitte Kroll:* Durch Kochexakt aus Ehrlichschem Mäuseasziteskarzinom initiierte anoxygene Proliferationswirkung. Naturwissenschaften *45,* 138 (1958).

Windisch, Friedrich, Willy Nordheim und *Walter Heumann:* In menschlichen Krebsgeschwülsten nachweisbare, anoxygene Synthese auslösende Energiereaktionen. Z. Krebsforsch. *62,* 423 (1958).

Windisch, Friedrich, Hugo Haehn, Willy Nordheim und *Walter Heumann:* Nachweis der Beteiligung von elektronen-übertragenden Cofaktoren am Prozeß der anoxygenen Energiebildung. Naturwissenschaften *45,* 190 (1958).

Windisch, Friedrich, Willy Nordheim und *Walter Heumann:* P-regenerierende Wirkung von O_2-freien Krebs- und Hefekochsäften unter anabiotischen Reaktionsbedingungen. Naturwissenschaften *45,* 270 (1958).

Windisch, Friedrich, Hugo Haehn, Willy Nordheim und *Walter Heumann:* Mitwirkung von Elektronenakzeptoren bei der Induzierung anoxygener Energiereaktionen durch Zellkochsäfte. Z. Naturfosch. *13 b,* 630 (1958).

Windisch, Friedrich, Ulrich Gerhardt und *Willy Nordheim:* Freisetzung von anoxygener Zellenergie unter Mitwirkung von elektronen-übertragenden Cofaktoren. Naturwissenschaften *45,* 367 (1958).

Windisch, Friedrich, Heinz Kerner und *Wolfgang Schacht:* In Krebszellen induzierbare anoxygene Energiewirkung durch O_2-freie Dekokte aus Krebsgeschwülsten. Experientia (Basel) *19,* 416 (1958).

Windisch, Friedrich, Ulrich Gerhardt, Walter Heumann und *Willy Nordheim:* Selbständiger, von DPN (Codehydrase I) unabhängiger anoxygener Energieprozeß. Z. Naturforsch. *13b*, 822 (1958).

Windisch, Friedrich, Heinz Kerner, Willy Nordheim und *Walter Heumann:* In Krebszellen ohne Mitwirkung von DPN (Codehydrase I) auslösbare anoxygene Energiereaktionen (zum 75. Geburtstag von Prof. Dr. Dr. W. Friedrich). Arch. Geschwulstforsch. *14*, 80 (1958).

Windisch, Friedrich, Ulrich Gerhardt, Willy Nordheim, Walter Heumann und *Heinz Kerner:* Mit krebseigenen Stoffen wirkungsidentische chemisch definierte Substanzen von anoxygen energiefreisetzender Potenz (zum 75. Geburtstag von Prof. Dr. Otto Warburg). Z. Krebsforsch. *62*, 568 (1958).

Windisch, Friedrich: Über einen bisher unbekannten Prozeß der anoxygenen Energiebildung in Krebszellen. Klin. Wschr. *36*, 880 (1958).

Windisch, Friedrich, Willy Nordheim und *Walter Heumann:* Untersuchung von O_2-freien Dekokten aus tierischen Organ-, Drüsen- und Muskelgeweben auf generative Wirksamkeit in Kontakt mit Anabiosezellen Z. physiol. Chem. *314*, 138 (1959).

Windisch, Friedrich, Jürgen Dittmann, Walter Heumann und *Willy Nordheim:* Anabiotische Aktivitätsprüfung von energiereichen Phosphaten und Acetyl-CoA. Z. ges. inn. Med. Grenzgebiete *14*, 174 (1959).

Windisch, Friedrich, Ulrich Gerhardt und *Willy Nordheim:* Isolierung von anoxygen energiefreisetzenden Wirkstoffen aus malignen Tumoren. Z. physiol. Chem. *315*, 134 (1959).

Windisch, Friedrich, Willy Nordheim und *Ulrich Gerhardt:* Energetische Stoffwechselfunktion der Zellipoide. Mber. dtsch Akad. Wiss. Berlin *1*, 553 (1959).

Windisch, Friedrich, Ulrich Gerhardt und *Wolfgang Schacht:* Energieaktivität der im wachsenden Krebsgewebe sich anreichernden Lipoidstoffe. Z. ges. inn. Med. Grenzgebiete *14*, 801 (1959).

Windisch, Friedrich, Ulrich Gerhardt und *Walter Heumann:* Bioenergetische Funktion von höher ungesättigten Fettsäuren im Zellstoffwechsel. Z. Naturforsch. *14b*, 538 (1959).

Windisch, Friedrich, und *Gerhard Pumb:* Elektronen-übertragende und energiefreisetzende Wirkungsfähigkeit der lipoid gebundenen Polyensäuren des Zentralnervensystems. Naturwissenschaften *46*, 266 (1959).

Windisch, Friedrich, Jürgen Dittmann und *Willy Nordheim:* Sterine und Sterinester als anoxygen freisetzende Wirkstoffe. Z. physiol. Chem. *317*, 224 (1959).

Märtens, Ludwig-Wilhelm: Isolierung von Phosphatiden aus Hefe und anabiotische Aktivitätsprüfung. Diplomarbeit — Berlin 1959.

Schreyer, Wolfgang: Isolierung von Sterinen aus Hefe und anabiotische Aktivitätsprüfung. Diplomarbeit — Berlin 1959.

Gerhardt, Ulrich: Gewinnung und Identifizierung von anabiotisch in Krebsgeweben nachgewiesenen energieaktiven Wirkstoffen. Dissertation — Berlin 1959.

Pumb, Gerhard: Isolierung von Lipoiden bzw. Lipoidkomponenten aus Normal- und Krebsgewebe. Diplomarbeit — Berlin 1960.

Windisch, Friedrich, Ulrich Gerhardt und *Jürgen Dittmann:* Elektronen- und Energieaktivität der in wachsenden Krebsgeschwülsten sich anreichernden Zellipoide Ber. ges. Physiol. exp. Pharmakol. *215,* 16 (1960).

Windisch, Friedrich: Ein bisher unbekannter Prozeß der anoxygenen Energiebildung. Vortrag, Berliner Physiologische Gesellschaft, Berlin, Juli 1958. Biol. Zbl. *79,* 33 (1960).

Windisch, Friedrich, Walter Heumann und *Willy Nordheim:* Anoxygene, mit Gärung und Glykolyse nicht identische Energieversorgung der Zelle. Enzymologia *21,* 261 (1960).

Windisch, Friedrich, Jürgen Dittmann, Willy Nordheim und *Ulrich Gerhardt:* Cholesterol und Cholesteride, ihre elektronenübertragende Energiewirksamkeit und Akkumulation im Krebsgewebe mit zunehmender Malignität. Z. ges. inn. Med. Grenzgebiete *15,* 235 (1960).

Windisch, Friedrich, Ulrich Gerhardt und *Jürgen Dittmann:* Krebslipoide als Ergone von elektronenübertragender und energiefreisetzender Stoffwechselfunktion. Vortrag, Tagung der Gesellschaft für Physiol. Chemie, Berlin September 1959. Oncologia (Basel) *13,* 342 (1960).

Windisch, Friedrich, Willy Nordheim und *Walter Heumann:* Asynthesis des Spaltungsstoffwechsels und Synthesis anoxygen energieaktiver Zellipoide unter gleichen physiologischen Bedingungen. Mber. dtsch. Akad. Wiss. Berlin *2,* 210 (1960).

Windisch, Friedrich, Willy Nordheim, Ulrich Gerhardt und *Walter Heumann:* Endergonischer Nachweis der Energieaktivität von Blutlipoiden. Naturwissenschaften *47,* 160 (1960).

Biomechanismus des Phosphatstoffwechsels

Hinkelmann, Stefan: Der Phosphatwechsel in Hefen unter besonderer Berücksichtigung der Nukleinsäuren. Diplomarbeit — Berlin 1952.

Windisch, Friedrich, und *Dorothea Stierand* sowie *Hugo Haehn,* (Gemeinschaftsarbeit): Über den Nachweis der Zellphosphate und die Unspezifität der bisher gebräuchlichen Methoden zur histochemischen Lokalisierung der Ribonukleotide. Protoplasma *42,* 346 (1953).

Windisch, Friedrich, Stefan Hinkelmann und *Dorothea Stierand:* Histochemischer Nachweis der im Zytoplasma regenerativ nach P-Mangelzüchtung auftretenden phosphatischen Überkompensation. Experientia (Basel) *11,* 307 (1955).

Windisch, Friedrich, Erich Herfurt und *Günther Rühle:* Blockierung des Phosphatwechsels zwischen Substrat und Zellplasma durch 2,4-Dinitrophenol (DNP) sowie die dabei auftretenden morphologischen Anomalien. Z. Naturforsch. *10 b,* 254 (1955).

Windisch, Friedrich, Walter Heumann und *Willy Nordheim:* Protoplasmatische Phosphatversorgung der Zelle in obligater Koppelung mit oxydativen Phosphorylierungsreaktionen. Naturwissenschaften *42,* 649 (1955).

Windisch, Friedrich, Willy Nordheim und *Walter Heumann:* Respiratorische Gebundenheit der über die Zellmembran erfolgenden protoplasmatischen Phosphatversorgung. Z. physiol. Chem. *303,* 153 (1956).

Dempwolf, Martin: Histochemische Untersuchungen über den Phosphatwechsel verschiedenartiger phosphatarm gezüchteter Hefen unter aeroben und anaeroben Wirkungsbedingungen. Diplomarbeit — Berlin 1956.

Windisch, Friedrich, und *Willy Nordheim:* Biomechanismus des Phosphatwechsels zwischen Medium und Zytoplasma bei anabiotischen Gärungszellen und zymagen umgezüchteten Atmungszellen. Biol. Zbl. *76,* 170 (1957).

Windisch, Friedrich, Stefan Hinkelmann und *Dorothea Stierand:* Plasmochromatische Zellreaktionen bei regenerierender Phosphatapplikation nach P-Mangelzüchtung. Protoplasma *48,* 178 (1957).

Windisch, Friedrich, Willy Nordheim und *Walter Heumann:* Cytochemische Untersuchungen über den Zusammenhang von nativer Gärungsintensität und desoxygenem Energiepotential beim anoxybiotischen Phosphatstoffwechsel. Arch. Mikrobiol. *26,* 273 (1957).

Bauer, Heinz: Quantitative Bestimmungen der Änderung des Ortho- und Metaphosphat-Verhältnisses beim Aktivitätswechsel der Zelle. Diplomarbeit — Berlin 1957.

Windisch, Friedrich, Heinz Bauer und *Erich Herfurt:* Biochemismus des Phosphatwechsels zwischen Zytoplasma und umgebendem Medium. Vortrag, IV. Internationaler Kongreß für Biochemie, Wien, September 1958. Supplement to International Abstracts of Biological Sciences, S. 80, London 1958.

Windisch, Friedrich, Willy Nordheim und *Walter Heumann:* Anoxygene Reaktivierung des anabiotisch sistierten Phosphatwechsels zwischen Medium und Zytoplasma. I. Mitteilung: Wirkung von Hefekochsäften. Zbl. Bak. Hyg., II. Abt. *112,* 609 (1959).

— Anoxygene Reaktivierung des anabiotischen sistierten Phosphatwechsels zwischen Medium und Zytoplasma. II. Mitteilung: Wirkung von Dekokten aus tierischen und menschlichen Krebsgeweben. Schweiz. Z. Path. Bakt. *22,* 458 (1959).

Windisch, Friedrich, und *Willy Nordheim:* Histochemischer Nachweis der Ent- und Aufladung des anoxygenen Energiepotentials in Gärungszellen. Arch. Mikrobiol. *33,* 416 (1959).

Zellstoffwechsel

Bussler, Wolfgang: Untersuchungen über den Schwefelstoffwechsel von Gramineen und Leguminosen während der Keimung. Diplomarbeit — Berlin 1952.

Windisch, Friedrich, Walter Heumann und *Christiane Goslich:* Anoxybiotische Zellvermehrung und Wirkungsmodus der aeroben Wachstumsreaktivierung. Z. Naturforsch. *8 b*, 305 (1953).

Windisch, Friedrich, Hugo Haehn und *Walter Heumann:* Irreversibilität der aeroben Spaltkraft bei optimaler Sauerstoffversorgung der Zelle (zum 70. Geburtstag von Prof. Dr. Otto Warburg). Z. Naturforsch. *8 b*, 463 (1953).

— Qualitative Differenzierung des Atmungs- und Spaltungsstoffwechsels auf Grund des mycetischen Proliferationstestes. Arch. Geschwulstforsch. *6*, 64 (1953).

Droz, Peter: Einfluß verschiedener O_2-Partialdrucke auf Gärung und Vermehrung der Hefe. Diplomarbeit — Berlin 1954.

Seemann, Friedrich: Einfluß des Sauerstoffs auf Gärung, Vermehrung und Säurebildung der Hefe. Diplomarbeit — Berlin 1955.

Bärwald, Anneliese: Differenzierende Peptonisation der Eiweißstoffe im Nährmedium und die davon abhängigen Gärungs- und Vermehrungsverhältnisse der Hefe. Diplomarbeit — Berlin 1955.

Garsuch, Ilse: Untersuchungen über den Stoffwechsel der Mucoraceen. Diplomarbeit — Berlin 1956.

Dähn, Detlef: Umzüchtungsversuche und Bestimmung des Stoffwechseltypus von *Mucor mucedo* und *Penicillium glaucum.* Diplomarbeit — Berlin 1957.

Lemke, Ingeborg: Untersuchungen über den Zusammenhang von Gärungsintensität und anaerobem Energiepotential an speziellen Heferassen. Diplomarbeit — Berlin 1957.

Dittmann, Jürgen: Versuche zur Anreicherung bzw. Isolierung des in aerob zuckerspaltenden Zellen nachgewiesenen Energiespeichers. Diplomarbeit — Berlin 1957.

Windisch, Friedrich, Willy Nordheim und *Walter Heumann:* Zum Problem der glykolytischen Energieversorgung des malignen Gewebes. Z. ges. inn. Med. Grenzgebiete *12*, 1131 (1957).

Nordheim, Willy: Untersuchungen über anabiotische Zellreaktionen. Dissertation — Berlin 1957.

Stahl, Joachim: Oxydative Restitution der anoxygenen Energiewirkung in anabiotischen Testzellen. Diplomarbeit — Berlin 1958.

Windisch, Friedrich: Endergonic enzyme-reactions in dependence of the anaerobic energy-potential. Vortrag, International Symposium on Enzyme Chemistry. Tokio 1957. Proceedings of the International Symposium on Enzyme Chemistry, Tokio 1957. S. 269, Verl. Maruzen Co. Tokio 1958.

Windisch, Friedrich, Hugo Haehn, Walter Heumann, Willy Nordheim und *Christiane Goslich:* Biosynthetische Unwirksamkeit der beim anaeroben Zuckerabbau freiwerdenden Spaltungsenergie. Biol. Zbl. 77, 479 (1958).

Windisch, Friedrich, Hugo Haehn, Walter Heumann, Willy Nordheim und *Heinz Kerner:* Ausbleiben der energetischen Koppelung zwischen anaerobem Zuckerabbau und endergonischen Zellreaktionen. Naturwissenschaften *45*, 245 (1958).

— Ergonische Insuffizienz von Gärung und Glykolyse. Naturwissenschaften *45*, 287 (1958).

Windisch, Friedrich: Endergonische Enzymreaktionen in Abhängigkeit vom anoxygenen Energiepotential. Schweiz. Z. Path. Bakt. *21*, 1052 (1958).

Nicolai, Robert: Bestimmung des Stoffwechseltypus von Pediokokken und *Aspergillus*-arten. Diplomarbeit — Berlin 1959.

Kersten, Karin: Vergleichende Untersuchungen von Normal- und Anabiosezellen in bezug auf generative Veränderungen unter anoxybiotischem Einfluß. Diplomarbeit — Berlin 1959.

Annemüller, Gerolf: Wachstum und Stoffwechsel verschiedener Hefearten unter Verwendung von D-Galaktose als alleiniger Kohlenhydratquelle. Diplomarbeit — Berlin 1960.

Gressler, Walter: Untersuchung des Zellstoffwechsels von *Pediococcus perniciosus.* Ermittlung der metabolitischen Relation zwischen O_2-Utilisation, Proliferation und Enstehung der typischen Stabilisierungsprodukte (Milchsäure, Diacetyl). Diplomarbeit — Berlin 1960.

Grundei, Hans: Quantitativer Nachweis der Alkoholbildung beim Glukose-Abbau durch *Torulopsis utilis* unter optimalen aeroben O_2-Partialdruckverhältnissen in Mikro- und Makroversuchen. Diplomarbeit — Berlin 1960.

Lippert, Eberhard: Isolierung rein atmender Heferassen aus der Natur. Systematisierung und Messung des Zellstoffwechsels. Diplomarbeit — Berlin 1960.

Müller, Gerhard: Überprüfung der als nicht gärend befundenen Bäckerhefe *Saccharomyces cerevisiae* Rasse A; Beurteilung ihres Stoffwechselverhaltens im Vergleich zu rein atmenden Torulopsishefen. Diplomarbeit — Berlin 1960.

Nordheim, Willy, und *Friedrich Windisch:* Energetische Ent- und Aufladung von aerob zuckerspaltenden Zellen. Ber. ges. Physiol. exp. Pharmakol. *215*, 9 (1960).

— Diminution und Restitution des anoxygenen Energiepotentials in aerob zuckerspaltenden Zellen. Vortrag, Tagung der Gesellschaft für Physiol. Chemie. Berlin, September 1959. Antonie van Leeuwenhoek (Holland) *26*, 257 (1960).

Windisch, Friedrich, Walter Heumann und *Willy Nordheim:* Anoxygener Energiestoffwechsel. Vortrag, Berliner Physiologische Gesellschaft, Berlin September 1960. Klin. Wschr. *38*, 1226 (1960).

Windisch, Friedrich, Walter Heumann, Joachim Stahl und *Jürgen Dittmann*: Einstellung der Zellatmung im Krebsgewebe. Mber. dtsch. Akad. Wiss. Berlin, *2*, 757 (1960).

Windisch, Friedrich, und *Walter Heumann:* Insuffizienter Oxydationsstoffwechsel der Krebszelle. Vortrag, Fortbildungslehrgang für klinische Chemie über „Sauerstoffmangel als pathologisches und klinisches Problem" im Krankenhaus Friedrichshain, Berlin, Dezember 1960, Z. ges. inn. Med. Grenzgebiete, *16*, 353 (1961).

— Insuffizienter Oxydationsstoffwechsel der Krebszellen. Z. ges. inn. Med. Grenzgebiete, *16*, 353—359 (1961).

Windisch, Friedrich, Walter Heumann und *Joachim Stahl:* Biochemische und biofunktionelle Verschiedenartigkeit von aerober und anaerober Glykolyse. Biol. Zbl. *80*, 563 (1961).

Antimetabolitwirkung von 2,4-Dinitrophenol

Windisch, Friedrich, und *Walter Heumann:* Hemmung des Krebswachstums durch 2,4-Dinitrophenol (DNP). Bedeutung von DNP als Zytostatikum. Naturwissenschaften *41*, 481 (1954).

Windisch, Friedrich, Walter Heumann und *Christiane Goslich:* Bestimmung der zytostatischen Dissimilationswerte nach anoxybiotischer bzw. antimetabolitischer Sistierung des Zellwachstums. Biol. Zbl. *74*, 646 (1955).

Windisch, Friedrich, und *Walter Heumann* sowie *Karl Linser* und *Hildegard Langer* (Gemeinschaftsarbeit): Regression maligner Tumoren durch Injizierung und perorale Verabreichung von zytostatischen Antimetaboliten. Naturwissenschaften *42*, 394 (1955).

Windisch, Friedrich, Walter Heumann und *Heinz Kerner:* Antimetabolitische Hemmung der intraperitonealen Proliferation von Asziteskrebszellen unter anabiotischen Bedingungen. Naturwissenschaften *43*, 499 (1956).

— Überempfindlichkeitsreaktion hochvirulenter Asziteskrebszellen gegenüber der antimetabolitischen Einwirkung von 2,4-Dinitrophenol (DNP). Z. ges. inn. Med. Grenzgebiete *12*, 89 (1957).

Windisch, Friedrich, Hugo Haehn und *Walter Heumann:* Involution von Walker-Karzinom und Jensen-Sarkom der Ratte durch zytostatische Antimetabolitwirkung. Z. ges. inn. Med. Grenzgebiete *12*, 615 (1957).

Windisch, Friedrich, Willy Nordheim, Walter Heumann und *Brigitte Kroll:* DNP-Hemmung der anoxygenen Proliferationswirkung von Hefekochsaft auf anabiotische Zellen. Naturwissenschaften *44*, 286 (1957).

— Antimetabolitische Inaktivierung der anoxygenen Proliferationswirkung von Kochsaft aus tierischen und menschlichen Krebsgeschwülsten in vitro. Z. physiol. Chem. *308*, 246 (1957).

Windisch, Friedrich, Helga Roick und *Walter Heumann:* 2,4-DNP-Hemmung der enzymatischen Umwandlung von 2-Phospho-enol-brenztraubensäure in Milchsäure. Enzymologia *20*, 243 (1959).

Windisch, Friedrich, und *Walter Heumann:* „Entkopplung“ von Spaltungsstoffwechsel und anoxygener Energie(ATP)-bildung“. Naturwissenschaften *47*, 209 (1959).

Roick, Helga: Glykolytische Phosphorylierung und deren antimetabolitische Hemmung durch 2,4-Dinitrophenol. Diplomarbeit — Berlin 1959.

Kerner, Heinz: Antimetabolitische Einwirkung von 2,4-Dinitrophenol auf das Wachstum von Normal- und Krebsgewebe. Diplomarbeit — Berlin 1959.

Windisch, Friedrich, Walter Heumann und *Helga Roick:* Autonomie des Spaltungsstoffwechsels gegenüber der Bildung von anoxygener Zellenergie. Mber. dtsch. Akad. Wiss. Berlin *2*, 223 (1960).

Windisch, Friedrich, und *Willy Nordheim:* „Entkopplung" von Gärung und anoxygener Energie(ATP)-bildung. bei höher organisierten Pflanzenzellen (Spermatophyten). Naturwissenschaften *47*, 449 (1960).

— Persistenz des Spaltungsstoffwechsels von anaerob keimfähigen Gramineensamen bei antimetabolitischer Hemmung der anoxygenen Energie(ATP)-bildung. Mber. dtsch. Akad. Wiss. Berlin *2*, 619 (1960).

Windisch, Friedrich, Walter Heumann, Helga Roick und *Karin Schubarth:* Paralysierung der anoxygenen Energie(ATP)-bildung bei autonomer Persistenz des Spaltungsstoffwechsels. Z. Naturforsch. *15b*, 714 (1960).

Windisch, Friedrich, Heinz Kerner, Walter Heumann, Sabina Künkel und *Kathlen Lezius:* Entkopplung von Krebsglykolyse und anoxygener Energie(ATP)-bildung. Naturwissenschaften *47*, 545 (1960).

PASTEUR-Effekt

Schmidt, Herbert: Elektrochemische und makrometrische Messungen der Atmungs- und Gärungsintensitäten bei abgestuftem Phosphorgehalt der Testhefe. Diplomarbeit — Berlin 1956.

Windisch, Friedrich, Willy Nordheim und *Walter Heumann:* Konvergenz von Atmung und Gärung bei absinkender und ansteigender Orthophosphat-Konzentration im Zytoplasma. Naturwissenschaften *16*, 379 (1960).

— Koordination der Dissimilationsfunktionen bei hoher bis niedriger Konzentration des Orthophosphats im Zytoplasma (Zum Problem des PASTEUR-Effektes). Mber. Dtsch. Akad. Wiss. Berlin *2*, 118 (1960).

Windisch, Friedrich, und *Willy Nordheim:* PASTEUR-Effekt von streng korrelativer Regulation der oxy- und anoxygenen Dissimilationsfunktionen. Mber. Dtsch. Akad. Wiss. Berlin *2*, 228 (1960).

— Stoffwechseltypus antagonistischer Korrelation zwischen Atmung und Gärung in Abhängigkeit von Oxy- und Anoxybiose. Naturwissenschaften *47*, 257 (1960).

Zündel, Ursula: Untersuchung der korrelativen Regulation von Atmung und Gärung (PASTEUR-Effekt) bei Spermatophyten. Diplomarbeit — Berlin 1960.

Methodik

Windisch, Friedrich, und *Walter Heumann:* Makrometrie des Zellstoffwechsels sowie Ermittlung der oxybiotischen Schwellenwerte (Minimum, Optimum) nach dem gleichen methodischen Prinzip. Naturwissenschaften *39*, 329 (1952).

Tödt, Fritz, und *Günther Teske* sowie *Friedrich Windisch, Walter Heumann* und *Christiane Goslich* (Gemeinschaftsarbeit): Elektrochemische Messung der in Flüssigkeiten gelösten Sauerstoffmengen bei oxy- und anoxybiotischen Stoffwechselprozessen. Biochem. Z. *323*, 192 (1952).
— (Gemeinschaftsarbeit). Über die biologische Anwendbarkeit der elektrochemischen O_2-Meßmethode. Biol. Zbl. *72*, 146 (1953).
Pluschkat, Heinz: Entwicklung einer Methode zum Mikronachweis von Milchsäure und Untersuchung des glykolytischen Stoffwechsels von Ascites-Tumorzellen. Diplomarbeit — Berlin 1957.
Glaser, Willi: Vergleichende Alkoholbestimmung auf physikalischer, chemischer und enzymatischer Grundlage. Diplomarbeit — Berlin 1958.
Windisch, Friedrich, Ilse Garsuch und *Walter Heumann:* Stoffwechselmessungen unter laufender Kontrolle (Registrierung) des O_2-Partialdruckes im biologischen Reaktionsmedium. Arch. Mikrobiol. *30*, 23 (1958).
Heumann, Walter, und *Friedrich Windisch:* Physiologischer Anwendungsbereich der O_2-Galvanometrie nach Tödt. Ber. ges. Physiol. exp. Pharmakol. *215*, 8 (1960).
— Anwendbarkeit der O_2-Galvanometrie nach Tödt in der Physiologie. Vortrag, Gesellschaft für Physiol. Chemie, Berlin September 1959. Biol. Zbl. *79*, 313 (1960).

Verschiedenes

Graffi, Arnold, Heinz Kriegel, Hans Schreiber und *Friedrich Windisch:* Die photosensibilisierende Wirkung verschiedener cancerogener und nichtcancerogener Kohlenwasserstoffe auf die Hefezellen. Z. Naturforsch. *8b*, 142 (1953).
Windisch, Friedrich, und *Walter Heumann* sowie *Heinz Kriegel* und *Arnold Graffi* (Gemeinschaftsarbeit): Untersuchungen an Hefezellen über die Abhängigkeit des photodynamischen Effektes vom molekularen Sauerstoff. Z. Naturforsch. *8b*, 673 (1953).
Graffi, Arnold, Inge Graffi, Heinz Kriegel, Friedrich Windisch und *Peter Schwensow:* Über die Abhängigkeit der photodynamischen Wirkung von der Intensität der UV-Bestrahlung. Experientia (Basel) *10*, 61 (1954).
Wille, Jörg: Untersuchungen über den Zusammenhang von Redoxpotential und O_2-Partialdruckwirkung in biologischen Medien. Diplomarbeit Berlin 1958.
Schreiber, Helga: Polarographische Serumreaktionen auf ihre Anwendbarkeit in der Krebsdiagnostik. Dissertation — Dresden 1959.
Nordheim, Willy, und *Walter Heumann:* Eine Würdigung zum 65. Geburtstag von Professor Dr. Friedrich Windisch. Z. ges. inn. Med. Grenzgebiete *15*, 1175 (1960).

INSTITUT FÜR KORTIKO-VISZERALE PATHOLOGIE UND THERAPIE

Zentral-nervöse Regulierung physiologischer und pathophysiologischer Stoffwechselvorgänge

Zentral-nervöse Regulationen des Kreislaufs unter physiologischen und pathologischen Bedingungen

Zentral-nervöse Regulationen physiologischer und pathophysiologischer Reflexvorgänge

Experimentelle Elektroenzephalographie

Zentral wirkende Pharmaka

Klinische Diagnostik und Therapie

Messung der Ultrarotstrahlung

Zentral-nervöse Regulierung physiologischer und pathophysiologischer Stoffwechselvorgänge

Baumann, Rudolf: Erfahrungen mit der Schlaftherapie bei Diabetes mellitus. Dtsch. Ges.wesen *8*, 985 (1953).

— Physiologie des Schlafes und Klinik der Schlaftherapie Verl. Volk und Gesundheit, Berlin 1953.

— Über den differenzierten physiologischen Effekt der L'hibernation artificielle und der bedingt-reflektorischen Schlaftherapie. Vortrag, Gesellschaft für klin. Medizin der Berliner Humboldt-Universität, 1953.

Kleinsorge, Helmuth, Rudolf Baumann und *Dietfried Müller-Hegemann:* Diskussionsgrundlagen zur Pawlowschen-Schlaftherapie. Dtsch. Ges.wesen *8*, 1532 (1953).

Baumann, Rudolf: Klinische Forschungsabteilung für Schlaftherapie in Berlin-Buch. Dtsch. Ges.wesen *9*, 1001 (1954).

— Über die Rolle des Kortex bei der neuro-humoralen Regulation. Verhandlung der Dtsch. Gesellschaft für innere Medizin, S. 58, Verl. I. F. Bergmann, 61. Kongreß, 1955.

— Die Schlaftherapie. Arbeitstagung über Kortiko-Viszerale Regulationen, S. 25 Verl. Volk und Gesundheit, Berlin 1955.

— Die Pawlowsche Lehre — Gesundheitsschutz in der Sowjetunion. S. 167. Verl. Volk und Gesundheit, Berlin 1955.

— Beitrag zum Problem der kortikalen Regulierung des Diabetes insipidus. Verl. Volk und Gesundheit, Berlin 1955.

— Die moderne Therapie des Diabetes mellitus. Vortrag, Lehrgang der Deutschen Akademie für Ärztliche Fortbildung, 1955.

— Die Differentialdiagnose und Therapie comatöser Zustände. Vortrag, Lehrgang der Deutschen Akademie für Ärztliche Fortbildung, 1955.

— Indikation und Kontraindikation zur Schlaftherapie im Bereich innerer Erkrankungen. Vortrag, Lehrgang der Deutschen Akademie für Ärztliche Fortbildung, 1955.

— Schlaf- und Dauerschlafbehandlung. S. 19. Verl. Volk und Gesundheit, Berlin, 1956.

— Neue Probleme der Therapie und Dispensärbetreuung des Diabetes mellitus. Vortrag, Lehrgang der Deutschen Akademie für Ärztliche Fortbildung, 1956.

— Kritische Gesichtspunkte zur peroralen Therapie des Diabetes mellitus. Vortrag, Lehrgang der Deutschen Akademie für Ärztliche Fortbildung, 1956.

— Die Reaktion verschiedener Stoffwechselgrößen unter generalisierten Hemmprozessen des Kortex, Vortrag, Lehrgang der Deutschen Akademie für Ärztliche Fortbildung, 1957.

Baumann, Rudolf: Die Beeinflussung verschiedener Stoffwechselgrößen unter der bedingt-reflektorischen Schlaftherapie. Arch. physik. Therap. *9*, 28 (1957).

— Zur Frage der Behandlung von Diabetikern mit Hypertonie. Therapeutisches Archiv, Moskau *30*, 22 (1958).

— Die kortikale Regulierung neuro-endokriner Störungen einschl. der Beeinflussung verschiedener Stoffwechselgrößen. Vortrag, Fortbildungslehrgang über spezielle Fragen der kortiko-viszeralen Pathologie und Therapie, Berlin-Buch, April 1958.

— Die Schlaftherapie und ihre klinische Bedeutung. Vortrag, Fortbildungslehrgang über spezielle Fragen der kortiko-viszeralen Pathologie und Therapie, Berlin-Buch, April 1958.

Hecht, Karl: Versuche zur Beeinflussung des Kohlehydratstoffwechsels auf bedingt-reflektorischem Wege bei Ratten. Vortrag, Fortbildungslehrgang über spezielle Fragen der kortiko-viszeralen Pathologie und Therapie, Berlin-Buch, April 1958.

Reichardt, Werner: Untersuchungen über Neurotrophik mittels radioaktiver Isotope. Vortrag, Fortbildungslehrgang über spezielle Fragen der kortiko-viszeralen Pathologie und Therapie, Berlin-Buch, April 1958.

Baumann, Rudolf: Coma diabeticum, seine Pathophysiologie, Pathogenese, Symptomatik und Therapie. Verl. Volk und Gesundheit, Berlin 1959.

— Oberbauchsymptome beim diabetischen Koma. Vortrag, Jahreskongreß 1960 für Ärztl. Fortbildung, Leipzig, September 1960.

Konitzer, Klaus, und *Bozkourt Ernesto Wahler:* Zur Frage der Verteilung der Fruktosemetaboliten im Blut. Vortrag, Pharmakologen-Kongreß, Würzburg Oktober 1960.

— Die arteriovenöse Differenz der unveresterten langkettigen Fettsäuren im Coronarblut nach D-Fruktose- und D-Glukose-Applikation. Vortrag, 3. Tagung der Arbeitsgemeinschaft der Industrie- und Hochschulpharmakologen der DDR, Magdeburg Dezember 1960.

Wahler, Bozkourt Ernesto, und *Klaus Konitzer:* Über das ATP im Blut. Vortrag, 3. Arbeitstagung der Arbeitsgemeinschaft der Industrie- und Hochschulpharmakologen der DDR, Magdeburg, November/Dezember 1960.

Konitzer, Klaus: Über die arterio-venöse Differenz der unveresterten langkettigen Fettsäuren im Gehirnblut. Vortrag, 1. Arbeitstagung der Arbeitsgemeinschaft zum Studium nervaler Regulationen der DDR, Berlin, 30. September 1961.

Choinowski, Susanne: Die Wirkung des Alloxan-Diabetes auf die bedingt-reflektorische Tätigkeit der Ratte. Vortrag, 1. Arbeitstagung der Arbeitsgemeinschaft zum Studium nervaler Regulationen derDDR, Berlin, 30. September 1961.

Solle, Margit: Der Einfluß einer Insulinhypoglykämie auf die bedingt-reflektorische Tätigkeit der Ratte in Abhängigkeit vom Zeitpunkt der Injektion und typologischen Besonderheiten. Vortrag, 1. Arbeitstagung der Arbeitsgemeinschaft zum Studium nervaler Regulationen der DDR, Berlin, 30. September 1961.

Fichtel, Klaus: Zur Frage der sogenannten bedingt-reflektorischen Regulation des Gasstoffwechsels. Vortrag, 1. Arbeitstagung der Arbeitsgemeinschaft zum Studium nervaler Regulationen der DDR, Berlin, 30. September 1961.

Zentral-nervöse Regulationen des Kreislaufs unter physiologischen und pathophysiologischen Bedingungen

Nitschkoff, Stefan: Der Arborisationsblock und sein klinisches Bild. Z. Ärztl. Fortb. *53,* 1374 (1959).

— Über den Einfluß des Schmerzes auf die Blutgerinnungszeit bei Ratten. Fol. haematologica *4,* 502 (1960).

— Das EKG bei der Laparoskopie und gezielten Leberpunktion. Dtsch. Ges.wesen *15,* 345 (1960).

— Grenzen und klinische Bedeutung der Ballistokardiographie. Dtsch. Ges.wesen *15,* 1709 (1960).

— Über bedingt-reflektorische Veränderungen der Blutgerinnungszeit bei Ratten. Acta biol. med. germ. *5,* 254 (1960).

Nicolai, Ludwig: Über die Viscositätsänderungen des Blutes bei der Gerinnung unter verschiedenen Bedingungen und ein neues oszillometrisches Verfahren bei ihrer Registrierung. Vortrag, Dtsch. Physiol. Kongreß, Freiburg/Br., Juni 1960.

Nitschkoff, Stefan: Über die nervale Beeinflussung der Blutgerinnung im Tierexperiment. Vortrag, Berliner Gesellschaft für Klinische Medizin, Januar 1961.

Fichtel, Klaus: Der Charakter der Gefäßreflexe auf thermische Reize und ihre Verwendbarkeit für klinische Untersuchungen der zentral-nervalen Regulationslage. Acta biol. med. germ. 7, 190 (1961).

— Die inter- und intraindividuellen Schwankungen der Hautdurchblutung als Ausdruck der zentral-nervalen Regulationslage. Vortrag, 1. Arbeitstagung der Arbeitsgemeinschaft zum Studium nervaler Regulationen der DDR, Berlin, 30. September 1961.

Heinrich, Elisabeth: Ein Beitrag zur Untersuchung des Erregungs- und Hemmungszustandes bei Hypertonikern mittels backward conditioning. Vortrag, 1. Arbeitstagung der Arbeitsgemeinschaft zum Studium nervaler Regulationen der DDR, Berlin, 30. September 1961.

Katzenstein, Alfred, und *Stefan Nitschkoff:* Über suggestive Beeinflussung des partiellen av-Blocks. (Wenckebachsche Periodik). Dtsch. Ges.wesen *16,* 1380 (1961).

Zentral-nervöse Regulationen physiologischer und pathophysiologischer Reflexvorgänge

Hecht, Karl: Über den kortikalen Schließungsmechanismus des bedingten Reflexes II. Ordnung. Vortrag, 23. Tagung der Deutschen Physiol. Gesellschaft, Münster 1957.

Misgeld, Gerhard, und *Karl Hecht:* Bedingte motorische Nahrungsreaktionen höherer Ordung als Methode zur Untersuchung des Ansatzes zentralwirkender Pharmaka. Vortrag, Berliner Physiol. Gesellschaft, Klin. Wschr. *36,* 691 (1958).

Hecht, Karl, und *Gerhard Misgeld:* Zur Frage des Schließungsmechanismus bedingter motorischer Nahrungsreaktionen II. Ordnung bei Ratten. Vortrag, Berliner Physiolog. Gesellschaft, April 1958, Klin. Wschr. *36,* 691 (1958).

— Zur Kenntnis der bedingten motorischen Nahrungsreaktionen I., II. und III. Ordnung bei Ratten (Ausbildung, Festigung, Wechselwirkung und Erlöschen). Acta biol. med. germ. *1,* 586 (1958).

— Die Bedeutung des Umweltzusammenhangs für die Bildung bedingter Reaktionen mit umgekehrter Reizfolge. Acta biol. med. germ. *1,* 687 (1958).

Fichtel, Klaus: Die Bedeutung der Gefäßplethysmographie für die Analyse des Funktionszustandes der höheren Nerventätigkeit. Vortrag, Fortbildungslehrgang über spezielle Fragen der kortiko-viszeralen Pathologie und Therapie, Berlin-Buch April 1958.

Auerbach, Theodor: Die Klinik der Ulcuskrankheit im Lichte der kortiko-viszeralen Pathologie und Therapie. Vortrag, Fortbildungslehrgang über spezielle Fragen der kortiko-viszeralen Pathologie und Therapie, Berlin-Buch April 1958.

Auerbach, Edith: Einige Fragen des Gastritisproblems und seine Beziehung zur Lehre von der Neurotrophik. Vortrag, Fortbildungslehrgang über spezielle Fragen der kortiko-viszeralen Pathologie und Therapie, Berlin-Buch, April 1958.

Hecht, Karl: Demonstration von bedingten Reflexen an Ratten. Vortrag, Fortbildungslehrgang über spezielle Fragen der kortiko-viszeralen Pathologie und Therapie, Berlin-Buch, April 1958.

Fichtel, Klaus: Zur Frage des sogenannten Nullplethysmogramms. Vortrag, Arbeitstagung der Staatlichen Pawlowkommission, Berlin-Buch, Juni 1959, Dtsch. Ges.wesen *14,* 2302 (1959).

— Unbedingte und bedingte Gefäßreflexe auf akustische (Lärm-)Reize. Vortrag, Arbeitstagung der Staatlichen Pawlowkommission, Berlin-Buch, Dezember 1959.

Hecht, Karl, und *Gerhard Misgeld:* Zur kortikalen Schließung bedingter motorischer Reaktionen höherer Ordnung bei Ratten. Acta biol. med. germ. *2,* 144 (1959).

Dostálek, Ctibor: Rückläufige bedingte Reflexe. Dtsch. Ges.wesen *15,* 706 (1960).

— Rückläufige bedingte zeitweilige Verbindungen zwischen sogenannten indifferenten Reizen. Dtsch. Ges.wesen *15,* 2151 (1960).

Fichtel, Klaus: Versuch einer quantitativen Beurteilung der plethysmographischen Ausgangskurven. Acta biol. med. germ. *5,* 281 (1960).

Hecht, Karl, und *Gerhard Misgeld:* Der Einfluß des Zeitintervalls zweier unbekräftigter Reize auf Ausbildung und Festigung bedingter motorischer Nahrungsreaktionen II. Ordnung bei Ratten. Acta biol. med. germ. *4,* 223 (1960).

Hecht, Karl, Helmut Krause, Gerhard Misgeld und *Klaus Treptow:* Zur Differenzierung von Typen der höheren Nerventätigkeit bei Ratten. Acta biol. med. germ. *4,* 254 (1960).

Hecht, Karl, und *Klaus Treptow:* Über Ausarbeitung und Ablauf künstlicher und natürlicher bedingter lokomotorischer Nahrungsreaktionen höherer Ordnung am frei beweglichen Hund in Abhängigkeit von der individuellen Reaktionslage des ZNS. Acta biol. med. germ. *5,* 263 (1960).

Dostálek, Ctibor: Über die adaptive und antiadaptive Komponente der zeitweiligen Verbindung. Symposium für kortiko-viszerale Physiologie und Pathologie, Smolenice, Oktober 1960.

Fichtel, Klaus: Untersuchungen der Orientierungsreaktionen des Gefäßsystems mittels Plethysmographie und Wärmeleitmessung. Kolloquium, Pawlow-Institut für Physiologie der Akademie der Wissenschaften der UdSSR, Leningrad, November 1960.

Hecht, Karl: Über Probleme der bedingten Reflexe höherer Ordnung. Kolloquium Physiologisches Institut der Medizinischen Universität Pécs/Ungarn, März 1960.

— Über statistische Bearbeitung bedingt-reflektorischer Ergebnisse. Kolloquium, Physiologisches Institut der Medizinischen Universität Pécs/Ungarn, März 1960.

— Die Bedeutung der Reizfolge bei der Ausarbeitung des bedingten Reflexes. Kolloquium, Physiologisches Institut der Medizinischen Universität Pécs/Ungarn, Oktober 1960.

— Der „Typus" des ZNS bei der Ratte und seine Bedeutung für pharmakologische Untersuchungen. Kolloquium, Physiologisches Institut der Medizinischen Universität Pécs/Ungarn, Oktober 1960.

Katzenstein, Alfred: Über den Einfluß des individuellen Menschenbildes auf pathologische Prozesse und ihre Therapie. 1. DDR-Kolloquium für Psychologie, Psychol. Institut der Karl-Marx-Universität Leipzig, März 1960.

Nicolai, Ludwig: Über den gegenwärtigen Stand der drahtlosen Gewebereizung. Vortrag, Arbeitstagung für Physik der Deutschen Physikalischen Gesellschaft, Berlin, November 1960.

Fichtel, Klaus: Quantitative Analyse unbedingter und bedingter Gefäßreflexe. Acta biol. med. germ. *6,* 57 (1961).

Hecht, Karl: Tierexperimentelle Untersuchungen über die Bedeutung der individuellen Erregbarkeit für den Effekt zentral wirkender Pharmaka. Vortrag, Berliner Gesellschaft für Klinische Medizin, Januar 1961.

— Die Bedeutung der individuellen Erregbarkeit für den Effekt zentral wirkender Pharmaka. Vortrag, Berliner Physiolog. Gesellschaft, April 1961.

Dostálek, Ctibor, und *Elisabeth Heinrich:* Zur Anwendung der Untersuchung der höheren Nerventätigkeit in der Klinik. Vortrag, Berliner Gesellschaft für Klinische Medizin, Januar 1961.

Hecht, Karl, und *Klaus Treptow:* Zum Typenproblem bei der Ratte. Vortrag, 1. Arbeitstagung der Arbeitsgemeinschaft zum Studium nervaler Regulationen der DDR, Berlin, 30. September 1961.

Dostálek, Ctibor: Über die Beiderseitigkeit der zeitweiligen Verbindung. Wiss. Z. Karl-Marx-Universität Leipzig *10,* 425 (1961), Vortrag, 1. Arbeitstagung der Arbeitsgemeinschaft zum Studium nervaler Regulationen der DDR, Berlin, 30. September 1961. Kolloquium Physiolog. Institut der Karl-Marx-Universität, Leipzig, 17. Februar 1961.

Heinrich, Elisabeth: Zur Frage des Erregungs- und Hemmungszustandes bei Extro- und Introversion. Vortrag, 1. Arbeitstagung der Arbeitsgemeinschaft zum Studium nervaler Regulationen der DDR, Berlin, 30. September 1961.

Dostálek, Ctibor: Über die Kriterien bei dem Beweis der Existenz der rückläufigen zeitweiligen Verbindungen. Kolloquium, Zaklad neurofyziol. Inst. biol. dosv., Nienckiego PAN (Warszawa), 19. Juni 1961.

Experimentelle Elektroenzephalographie

Baumann, Rudolf: Ergebnisse über die Größenordnung schneller Abläufe elektro-biologischer Hirnpotentiale im „passiven“ und „aktiven“ EEG mit einem Präzisions-Elektronenstrahloszillographen. Acta biol. med. germ. *2*, 534 (1959).

Scheer, Elfriede, und *Lieselotte Sieke:* Der Einfluß eines Elektroreizes auf den Wirkungsablauf von Na-Aethyl-crotylbarbiturat. Internationales Symposium zur Pharmakologie des Zentralnervensystems, Prag, Mai 1959.

Sieke, Lieselotte: Wirkungsweise von Barbituraten (Na-Aethylcrotyl-barbitursäure und Na-Phenyl-aethyl-barbitursäure) auf das Elektroencephalogramm und seine Beeinflussung durch elektrische Reize. Elektroencephalographie-Symposium, Jena, Oktober 1959.

Baumann, Rudolf, Lieselotte Sieke und *Wladimir Petrowitsch Demichow:* Elektroencephalographischer Nachweis einer humoralen Übertragung nervaler Wirkstoffe auf Transplantatgehirne nach elektrokortikalen Reizungen der Trägertiere. Acta biol. med. germ. *5*, 1 (1960).

Scheer, Elfriede, und *Lieselotte Sieke:* Direkter Einfluß der Barbiturate auf die bioelektrische Aktivität des Gehirns nach intraventrikulärer Applikation. Acta biol. med. germ. *5*, 567 (1960).

Baumann, Rudolf, und *Lieselotte Sieke*: Elektroencephalographischer Nachweis der humoralen Übertragung neurobiochemischer Wirkstoffe. Activitas Nervosa Superior *3*, 1 (1961) und Symposium für kortiko-viszerale Physiologie und Pathologie, Smolenice, Oktober 1960, Vortrag, Berliner Gesellschaft für Klinische Medizin, Januar 1961.

Sieke, Lieselotte, und *Elfriede Scheer:* Veränderungen der bioelektrischen Aktivität des Gehirns durch niedrige Dosen von Na-Aethyl-crotyl-barbiturat und ihre Beeinflussung durch Elektroreiz. Acta biol. med. germ. *4*, 297 (1960).

Hecht, Karl: Verhaltens- und EEG-Studien des „backward conditioning“. Kolloquium, Physiologisches Institut der Medizinischen Universität Budapest, Oktober 1960.

Baumann, Rudolf, Lieselotte Sieke, Wladimir Petrowitsch Demichow und *Karl Hecht:* Zur Frage der humoralen Übertragung nervaler Wirkstoffe bei gekreuztem Carotiskreislauf von Hunden. Acta biol. med. germ. *7*, 420 (1961).

Baumann, Rudolf, Lieselotte Sieke und *Karl Hecht:* Der Einfluß von exogenen Reizen und Chlorpromazin auf den Effekt humoral übertragener neurobiochemischer Wirkstoffe bei Transplantatgehirnen. Acta biol. med. germ. 7, 423 (1961).

Baumann, Rudolf: Die Abhängigkeit des Effektes humoral übertragener neuro-biochemischer Wirkstoffe auf Transplantatgehirne von der durch exogene Reize veränderten Krampf-Reizschwelle. Vortrag, 1. Arbeitstagung der Arbeitsgemeinschaft zum Studium nervaler Regulationen der DDR, Berlin, 30. September 1961.

— Elektroencephalographischer Nachweis einer humoralen Übertragung neuro-biochemischer Wirkstoffe auf Transplantatgehirne und die Abhängigkeit der elektrobiologischen Reaktionsphaenomene vom kortikalen Tonus. Vortrag, anläßlich der Bildung des medizinisch-biologischen Forschungszentrums der DAW, Berlin-Buch, 13. Oktober 1961.

Hecht, Karl, und *Endre Grastyan:* EEG- und Verhaltensstudien des „backward conditioning". Vortrag, 27. Tagung der Deutschen Physiol. Gesellschaft, Zürich, Mai 1961.

— EEG und Verhaltensstudien des „backward conditioning" an Katzen. Acta Physiologica Hung, 20, 27 (1961).

— Elektrophysiologische Erscheinungen bei in umgekehrter Reizfolge ausgearbeiteten bedingten Abwehrreflexen der Katze. Vortrag, 1. Arbeitstagung der Arbeitsgemeinschaft zum Studium nervaler Regulationen der DDR, Berlin, 30. September 1961.

Nicolai, Ludwig: Über drahtlose elektrische Gewebereizung, besonders des Gehirns. Vortrag, 1. Arbeitstagung der Arbeitsgemeinschaft zum Studium nervaler Regulationen der DDR, Berlin, 30. September 1961.

Zentral wirkende Pharmaka

Haring, Claus, Karl Hecht und *Gerhard Misgeld:* Der Einfluß des Chlorpromazins auf das bedingt-reflektorische Verhalten von Ratten. Acta biol. med. germ. *1*, 673 (1958).

Hecht, Karl, Marianne Marpert und *Gerhard Misgeld:* Zur Frage des Ansatzes von Phenobarbital im ZNS und seiner Wirkung auf das bedingt-reflektorische Verhalten bei Ratten. Acta biol. med. germ. 2, 159 (1959).

Misgeld, Gerhard, und *Karl Hecht:* Ein neuer Test zur Prüfung zentral wirkender Pharmaka. Arch. exp. Path. Pharmakol. 236 (1959).

Marpert, Marianne, Gerhard Misgeld und *Karl Hecht:* Zur Frage des zentralen Ansatzes von Na-phenyl-äthylbarbituricum. Arch. exp. Path. Pharmakol. 236, (1959).

Hecht, Karl, Gerhard Misgeld und *Claus Haring:* Zur Wirkung des Chlorpromazins auf das bedingt-reflektorische Verhalten von Ratten. Arch. exp. Path. Pharmakol. *1*, 236, (1959).

Hecht, Karl, und *Friedrich Bielecke:* Demonstration einer Mehrzweckkammer zur Untersuchung bedingter Reaktionen an Ratten. Arbeitstagung der Staatlichen Pawlow-Kommission, Berlin-Buch, Juni 1959.

Hecht, Karl, Elfriede Scheer, Klaus Treptow und *Susanne Choinowski:* Der Einfluß von Reserpin auf die bedingt-reflektorische Tätigkeit von Ratten. Arbeitstagung der Staatlichen Pawlow-Kommision, Berlin-Buch, Juni 1959.

— Der Einfluß einer kleinen Dosis Reserpin (0,1mg/kg) auf Ausbildung und Ablauf bedingter Reaktionen I. und II. Ordnung. Acta biol. med. germ. *4,* 131 (1960).

Hecht, Karl, und *Friedrich Bielecke:* Eine neue Mehrzweckkammer mit polygraphischer Registrierung zur Untersuchung bedingter motorischer Nahrungs- und Abwehrreaktionen an Ratten und ihre methodische Verwendung. Acta biol. med. germ. *4,* 71 (1960).

Hecht, Karl: Der altersabhängige Einfluß von Reserpin (0,1 mg/kg) auf den Ablauf bedingter Reaktionen I. und II. Ordnung an Ratten. Acta biol. med. germ. *4,* 151 (1960).

Hecht, Karl, exper. Mitarb. *Robert Wabnitz:* Bedingt-reflektorische Untersuchungen über den Einfluß von Aethyl-crotylbarbitursäure auf das kollektive und individuelle Verhalten von Ratten. Acta biol. med. germ. *4,* 507 (1960).

Hecht, Karl: Der dosisabhängige Einfluß von Barbituraten auf das bedingt-reflektorische Verhalten von Ratten. Acta biol. med. germ. *5,* 579 (1960).

Vanecek, Jiri, Frantisek Krebs und *Friedrich Bielecke:* A Note on an Apparatis for intracerebral Injections in conscious Mice. J. Amer. pharm. Ass. Sci. Edit. *49,* 178 (1960).

Scheer, Elfriede, und *Lieselotte Sieke:* Gibt es spezifische zentrale Wirkungen des Benactyzin? Vortrag 3. Arbeitstagung der Arbeitsgemeinschaft der Industrie- und Hochschulpharmakologen der DDR. Magdeburg. Dezember 1960.

Scheer, Elfriede: Die hemmende Wirkung von Na-Äthyl-crotylbarbiturat auf das ZNS und der Einfluß auf Blutdruck und Blutzucker. Acta biol. med. germ. *5,* 545 (1960).

Dostálek, Ctibor, und *Elfriede Scheer:* Über den Einfluß sympathiko- und parasympathikolytischer Stoffe auf bedingte Pupillenreflexe. Vortrag. 1. Arbeitstagung der Arbeitsgemeinschaft zum Studium nervaler Regulationen der DDR, Berlin, 30. September 1961.

Klinische Diagnostik und Therapie

Baumann, Rudolf: Sulfonamide bei Lungentuberkulose. Dtsch. Ges.wesen *2,* 161 (1947).

— Zur Sulfathiodiazoltherapie bei Lungentuberkulose. Dtsch. Ges.wesen *3,* 609 (1948).

— Eine neue Therapie der Lungentuberkulose mit protrahierten, kleinen Dosen eines Sulfonamidderivates des Sulfathiodiazols, Vortrag, Dtsch. Tuberkulose-Kongreß, Berlin, April 1948.

Baumann, Rudolf: Liquorzucker-Blutzuckerkorrelation nach Insulinbelastung bei Meningitis-Tbc. Z. ärztl. Fortb. *44*, 282 (1950).
— Erfahrungen mit der Streptomycin-Therapie bei Meningitis-Tbc. des Erwachsenenalters. Z. ärztl. Fortb. *44*, 584 (1950).
Henne, Kurt: Funktionsdiagnostik interner Nierenerkrankungen mit Hilfe von intraven. Säure- und Alkalibelastungen. Dissertation — Berlin 1951.
Brandt, Hans-Heinrich: Klinik und Ätiologie verschiedener Fälle von Agranulozytose. Z. ärztl. Fortb. *46*, (1952).
— Kasuistische Beobachtungen über Novocain-Zwischenfälle bei Laparoskopien. Z. ärztl. Fortb. *48*, (1954).
— Apparatur zur Behandlung peripherer Durchblutungsstörungen mittels arterieller Überdruck-Infusion. Dtsch. Ges.wesen *10*, 555 (1955).
Brandt, Hans-Heinrich, und *Halina Pröscher:* Die Gefahren der Leberpunktion und der laparoskopischen Cholangiographie. Dtsch. med. Wschr. *81*, (1956).
Petzel, Gerold: Über Neutropenie und Thrombopenie bei Milzvergrößerung. Z. ärztl. Fortb. *51*, 238 (1957).
Thiel, Helmut: Beitrag zur laparoskopischen Diagnostik und ihrer Technik. Z. ärztl. Fortb. *51*, 708 (1957).
Nitschkoff, Stefan: Über Carcinomwachstum nach Splenektomie. Z. ges. inn. Med. Grenzgebiete *15*, 852 (1960).
Thiel, Helmut: Glukokortikoidbehandlung bei Leberkrankheiten. Dtsch. Ges.wesen *15*, 223 (1960).
Nitschkoff, Stefan: Über die praktische Bedeutung der Milzpunktion. Dtsch. Ges.wesen 15, 2507 (1960).
Fichtel, Klaus: Die Anwendung des Leistungsprüfgeräts nach Böhlau zur Bestimmung des Grundumsatzes. Dtsch. Ges.wesen *16*, (1961).

Messung der Ultrarotstrahlung

Nicolai, Ludwig, und *Klaus Buchmüller:* Anordnung zur simultanen absoluten Messung der Ultrarotstrahlung und Oberflächentemperatur organischer Körper, zum Beispiel der menschlichen Haut. Patentschrift, Wirtschaftpatent Nr. 19800 vom 25. 8. 1960, Klasse 30a, Gruppe 4/01. Akt. Z. WP. 30a/55103.

ARBEITSSTELLE FÜR KREISLAUFFORSCHUNG

ARBEITSGRUPPE BIOCHEMIE

Wollenberger, Albert: Veratrumalkaloide und Gehirnstoffwechsel. Kolloquium am 12. Oktober 1955, Dtsch. Ges.wesen *11*, 1398 (1956).
— Die Wirkung von Cytochrom c bei der Narkose und bei verschiedenen Sauerstoffmangelzuständen. Dtsch. Med. Wschr. *81*, 248—249 (1956).
— Verbreitung der Herz- und Kreislaufkrankheiten in der Deutschen Demokratischen Republik. Dtsch. Ges.wesen *11*, 1401—1404 (1956).
— Kreislaufkrankheiten und Ernährung. Dtsch. Ges.wesen *11*, 1411—1418 (1956).
Wollenberger, Albert, und *Bozkourt E. Wahler:* Einfluß von Protoveratrin und Strophanthin auf den Kationen- und Phosphatgehalt von Gehirnrindenschnitten. Arch. exp. Pathol. Pharmakol. *228*, 134—136 (1956).
Wahler, Bozkourt, E.: Bestimmung von 2—20 γ Inulin in tierischen Geweben. Z. physiolog. Chemie *306*, 84—89 (1956).
Wollenberger, Albert: Verbreitung der Herz- und Kreislaufkrankheiten in der Deutschen Demokratischen Republik. Schlußwort. Dtsch. Ges.wesen *12*, 781 (1957).
Halle, Willi: Eine Feuchtkammer für Objektträger. Z. wiss. Mikroskopie *63*, 421 (1958).
Hoffmann, H.-J.: Prüfung von Allocymarin und Hexahydroscillaren A als mögliche Antimetabolite von Cymarin und Scillaren A am isolierten Herzen. Dissertation — Berlin 1958.
Krause, Ernst-Georg: Muskelproteine, säurelösliche Phosphate, Kalium und Natrium in wachsenden Hundeherzen. Diplomarbeit — Berlin 1958.
Segel, Karl-Heinz: 1-Furyl 1-3-Methyl-Cyclohexen (3) on (5)-2-Carbonsäureäthylester. Naturwissenschaften *45*, 312 (1958).
Wahler, Bozkourt, E., und *Albert Wollenberger:* Zur Bestimmung des Orthophosphats neben säure- und Molybdat-labilen Phosphorsäureverbindungen. Biochem. Z. *329*, 508—520 (1958).
Wollenberger, Albert: Cholesterin, Fett und Koronarerkrankungen. Berl. Ärztl. Rundschau (Bär) Nr. 9 (1958).
Wollenberger, Albert, Ernst-Georg Krause und *Bozkourt E. Wahler:* Orthophosphat- und Phosphokreatingehalt des Herzmuskels. Naturwissenschaften *45*, 294 (1958).
Wollenberger, Albert, und *Ernst-Georg Krause:* Über die Konzentration des „wahren“ anorganischen Phosphats und des Phosphokreatins im Herzmuskel Zus. Ber. IV. Internationaler Kongreß für Biochemie, S. 87, Wien 1958.

Halle, Willi: Histochemischer Nachweis von Glykogen und Lipoiden nach Einbettung in Oxydwachs. Z. Mikroskopie und mikroskop. Technik *64,* 165—173 (1959).

— Beitrag zur Histochemie der Reblaus *Dactylosphaera vitifolii* Shim. Naturwissenschaften *46,* 212—213 (1959).

— Über die Züchtung von Herzmuskelzellen in einem semisynthetischen Medium und ihr Verhalten gegenüber Digitoxin. Naturwissenschaften *46,* 267 (1959).

— Die Verwendung von wasserlöslichen Polywachsen als Einbettungsmittel in der histochemischen und histologischen Technik. Mikroskosmos *48,* 275—276 (1959).

Hoffmann, H.-J., und *Albert Wollenberger:* Prüfung von Hexahydroscillaren A und Allocymarin als mögliche Antagonisten von Scillaren A und Cymarin am isolierten Herzen. Acta biol. med. germ. *2,* 94—99 (1959).

Schulze, Wolfgang, Ernst-Georg Krause und *Albert Wollenberger:* Elektronenoptische und chemische Untersuchungen des postnatalen Herzwachstums. Mber. dtsch. Akad. Wiss. Berlin *1,* 603—606 (1959).

Segel, Karl-Heinz: Nomenklatur markierter organischer Verbindungen. J. prakt. Chem. 4. Reihe *7,* 299—303 (1959).

Wollenberger, Albert: Neuere Erkenntnisse über den Herzstoffwechsel. Dtsch. Ges.wesen *14,* 1324—1332 (1959).

— Herzglykoside und oxydativer Myokardstoffwechsel. Bad Oeynhausener Gespräche, III, am 31. Oktober und 1. November 1958 über Herzinsuffizienz und Digitaliswirkung, S. 121—130 Springer-Verl. 1959.

Halle, Willi: Züchtung isolierter und pulsierender Amnionmuskelzellen. Naturwissenschaften *47,* 234—235 (1960).

— Ein einfacher Heiztisch für L-Mikroskope. Z. med. Labortechn. *1,* 61—63 (1960).

— Eine neue Flasche für Zellkulturen. Z. med. Labortechn. *1,* 128—192 (1960).

— Zur Bestimmung der Belichtungszeit in der Mikrophotographie mit dem „Werralux". Fotografie *14,* 250 (1960).

Halle, Willi, und *Albert Wollenberger:* Wirkung von Herzglykosiden auf Pulsation gezüchteter isolierter Herzmuskelzellen. Arch. exp. Pathol. Pharmakol. *238,* 109 (1960).

— Rhythmische Kontraktion kultivierter isolierter Herzzellen und ihr Verhalten gegenüber Digitoxin. Forschungsfilm HF 326 des Deutschen Zentralinstitutes für Lehrmittel, Berlin 1960.

Schulze, Wolfgang: Elektronenmikroskopische und histometrische Untersuchungen des Herzmuskelgewebes vom Hund während des embryonalen und postnatalen Wachstums. Dissertation — Halle/Wittenberg 1960.

Segel, Karl-Heinz: Verbesserte Tüpfelreaktion für Herzglykoside. Mikrochimica Acta H. 1, 27—30 (1960).

— Cymarol-(19-^{3}H). Naturwissenschaften *47,* 279 (1960).

Wollenberger, Albert, und *Willi Halle:* Vergleich der Wirkung von Cymarin und Allocymarin von Scillaren A und Hexahydroscillaren A auf die Pulsation gezüchteter isolierter Herzmuskelzellen. Arch. exp. Pathol. Pharmakol. *240,* 3—4 (1960).

Wollenberger, Albert, und *Willi Halle:* Specificity of the Effects of Cardiac Glycosides on the Rhythmic Contraction of Single Cultured Cardiac Muscle Cells. Nature *188*, 1114—1115 (1960).
Wollenberger Albert, und *Alois Kössler:* Einfluß von Bewegungsmangel auf Serumlipoide und Ausbildung von Aorten- und Koronarsklerose von Hähnen bei fett- und cholestrinreicher Kost. Klin. Wschr. *38*, 665—666 (1960).
Wollenberger Albert, Ernst-Georg Krause und *Bozkourt E. Wahler:* Über den tatsächlichen Orthophosphat- und N- Phosphorylkreatingehalt des Säugetierherzens. Arch. ges. Physiol. *270*, 413—427 (1960).
Wollenberger Albert, Otto Ristau und *Georg Schoffa:* Eine einfache Technik der extrem schnellen Abkühlung größerer Gewebestücke. Arch. ges. Physiol. *270*, 399—412 (1960).
Wollenberger, Albert: Schadet zu viel Fett den Arterien? Wissen und Leben *5*, 292—293 (1960).
Halle, Willi, und *Albert Wollenberger:* Morfolōgia a Pulzācia izolovaných Buniek Srdcovēho Svalu, Kultivovaných V Polosyntetickom Zivnom Prostredi, a ich Sprāvanie Voči Srdcovēmu Glykozidu Digitoxīnu. Bratislavské Lekárske Listy, Zväzok I Ročnik XLI Čislo 9, 520—525 (1961).
— Rhythmische Kontraktion kultivierter isolierter Herzzellen und ihr Verhalten gegenüber Digitoxin. Beiheft zum Hochschulfilm HF 326. 1961.
Schulze, Wolfgang: Elektronenmikroskopische Untersuchungen zur Frage der Bindegewebsentstehung im embryonalen Herzmuskelverband des Hundes. Naturwissenschaften *48*, 166 (1961).
— Elektronenmikroskopische Untersuchungen am Herzmuskel. Urania *19*, 267—270 (1961).
— Elektronenmikroskopische Studie zur Frage der Entstehung von primären Bindegewebsfibrillen im embryonalen Hundeherzen. Acta biol. med. germ. *6*, 491—497 (1961).
— Elektronenmikroskopische und histometrische Untersuchungen des Herzmuskelgewebes vom Hund während des postnatalen Wachstums. Acta biol. med. germ. 7, 24—31 (1961).
— Elektronenmikroskopische Untersuchungen des embryonalen Hundeherzmuskels. Z. mikroskop. anatom. Forsch. *68* (1961).
Segel, Karl-Heinz: Cymarol-(19-^{3}II)-(3 *β*, 5 *β*, 14 *β*, 19-Tetraoxy-cardenol-(19-^{3}H)-D-cymarosid). J. prakt. Chem. 4. Reihe, *13*, 152—156 (1961).
Kössler, Alois, Albert Wollenberger und *Willi Halle:* Einfluß von Bewegungseinschränkung auf Serumlipoide und Ausbildung von Koronar- und Aortensklerose bei Hühnen. Acta biol. med. germ. 7, H. 2 (1961).
Krause, Ernst-Georg, und *Albert Wollenberger:* Prä- und postnatale Veränderungen des Gehalts des Hundeherzens an einigen säurelöslichen Phosphorverbindungen und Kreatin und ihre Beziehungen zu wachstumsbedingten Gewebe- und Zellraumverschiebungen. Acta biol. med. germ. 7, 32—44 (1961).
Rabitzsch, Georg: Digitoxin—(23-^{14}C). Biochemical Pharmacology *8*, 107 (1961).

Wollenberger Albert: Digitalis: Action on Metabolism and Contractile Proteins, Internationales Symposium der Britischen Pharmakologischen, Physiologischen und Biochemischen Gesellschaft und der Royal Society of Medicine, London, März 1961.

Wollenberger, Albert, und *Ernst-Georg Krause:* Beziehungen zwischen Herzwachstum und myokardialer Kreatin- und Phosphokreatinmenge. Naturwissenschaften *48,* 131—132 (1961).

Wollenberger, Albert, und *Wolfgang Schulze:* Mitochondrial Alterations in the Myocardium of Dogs with Aortic Stenosis J. Biophysical and Biochemical Cytology 10, 285—288 (1961).

ARBEITSSTELLE FÜR KREISLAUFFORSCHUNG

ARBEITSGRUPPE FÜR EXPERIMENTELLE HERZ- UND GEFÄSSCHIRURGIE

Pathologie und Chirurgie der Koronar-Insuffizienz

Herztransplantation

Verschiedenes

Pathologie und Chirurgie der Koronar-Insuffizienz

Mangakis, Nikolaus: Über einige Faktoren, die den Verlauf, die Form und die Lokalisation der experimentellen allergischen Arteriitis beeinflussen. Kolloquium, Pathologisches Institut, Universität Prag, 12. April 1957.

— Zur Gewinnung experimenteller Modelle mit Schädigung der Koronargefäße durch allergische Arteriitis. Vortrag, Wiss. Konferenz der Vereinigung der Pathologen der ČSSR in Prag, 28. Juni 1958.

Kupke, Ingeborg: Elektrolytkonzentration im Herzmuskel nach Unterbindung einer Koronararterie. Diplomarbeit — Berlin 1958.

Kokkalis, Petros (gemeinsam mit *W. Postmann*)*:* Zur Problematik der Koronarographie. Untersuchungen an Hunden mit Mammaria—Koronaria—Anastomosen. Fortschr. Gebiete Röntgenstrahlen, Stuttgart, *91*, 690—700 (1960).

Kokkalis, Petros, und *Ursula Schiller:* Über die Notwendigkeit und Voraussetzung zur Durchführung erfolgversprechender Revaskularisationsverfahren bei der Koronarinsuffizienz. Dtsch. Ges.wesen H. *26*, 1343—1349 (1960).

Kokkalis, Petros: Vortrag über die Anastomose zwischen extrakardialen Gefäßen (A. mammaria interna) und Hauptkoronarästen. Chirurgische Universitätsklinik, Malmö, 22. Juni 1960.

Schiller, Ursula: Vortrag über Stand und Perspektive der direkten Revaskularisationsmethoden am schlecht durchbluteten Herzmuskel. Chirurgentagung der Universitäten Greifswald und Rostock. Rostock, 24. September 1960.

Kokkalis, Petros: Vortrag über die Ergebnisse der Anwendung indirekter Revaskularisationsverfahren zur Mehrdurchblutung des Myokards. Symposium über Pharmakologie der Koronargefäße, Moskau, 10. Dezember 1960.

Schiller, Ursula, und *Petros Kokkalis:* Einschätzung der Irritabilität des Herzens aus der Reaktion nach intraperikardialer Novocaininjektion. Thoraxchirurgie *9*, H. 1, (1961).

Kokkalis, Petros: Neue Wege zur Mehrdurchblutung des Myokards. Die suprakoronäre Aortenstenose. Vortrag, Gesamtberliner Chirurg. Gesellschaft, 19. Juni 1961.

— Experimentelle Untersuchungen über die Beeinflussung der Koronardurchblutung durch suprakoronäre Aortenstenose. Experimentalnaja Chirurgia (russ.) 1961.

— Influence experimental supra—coronary aortic stenosis on coronary circulation. Vortrag, 5. Tagung, Int. Gesellschaft für Herz- und Gefäßchirurgie, Dublin, 2.—9. September 1961.

Kokkalis, Petros, und *Gisela Schwarz:* Zur Frage der Mortalität nach akuter Occlusion eines Hauptkoronarastes. Thoraxchirurgie, *9,* (1961).
Kokkalis, Petros, Werner Postmann und *Ursula Schiller:* Koronarographische Darstellung der Kollateralbahnen nach experimenteller Occlusion eines Hauptkoronarastes. Fortschr. Gebiete der Röntgenstrahlen. Stuttgart, *93,* (1961).
Seifert, Siegfried: Gegendruckapparat zur Injektionsdarstellung der Koronargefäße; Experimentelle Chirurgie u. Anästhesie (russ.) H. *1,* 33—35 (1961).

Herztransplantation

Kokkalis, Petros: Die Transplantation eines zusätzlichen Herzens nach W. P. Demichow. Med. Bild, *3,* 65—69 (1959).
— Die methodischen Grundlagen der Herztransplantation. Mber. Dtsch. Akad. Wiss. Berlin *1,* 312—320 (1959).
— Herz-, Lungen- und Kopf-Transplantation. Urania, 481—485 (1959).
— Kritik und Perspektiven der chirurgischen Verfahren zur Revaskularisation des Myokards. IV. Chirurgentagung der DDR, Leipzig, 19. November 1959.
Kokkalis, Petros, und *Hans-Heinrich Schuldt:* Einige Bemerkungen zu haemodynamischen Problemen der Herztransplantation unter besonderer Berücksichtigung der Verfahren von Demichow. Dtsch. Ges.wesen *14,* 1837—1847 (1959).
Kokkalis, Petros: Vortrag über die homoioplastische Herztransplantation mit Vorführen eines Filmes. Chirurgische Universitätsklinik Basel, 17. Mai 1960.
— Kolloquium über die hämodynamischen Grundlagen beim Anschluß eines zweiten Herzens. Chirurgische Universitätsklinik Basel, 20. Mai 1960.
— Vortrag über die homoioplastische Herztransplantation mit Vorführung eines Filmes. Thoraxklinik des Karolinska Krankenhauses, Stockholm, 17. Juni 1960.
— Vortrag über die homoioplastische Herztransplantation mit Vorführung eines Filmes, Thoraxchirurgische Universitätsklinik, Uppsala, 20. Juni 1960.
— Vortrag über die homoioplastische Herztransplantation mit Vorführung eines Filmes. Chirurgische Universitätsklinik, Malmö, 23. Juni 1960.
Biege, Gerhard: Organtransplantation. Wissen und Leben, September (1961).

Verschiedenes

Kokkalis, Petros: Einige grundsätzliche Probleme der Chirurgie im Lichte der Pawlowschen Lehre. Dtsch. Ges.wesen *3,* 65—73 (1957).

Lehrfilme
Homoioplastische Herztransplantation (1959)
Anwendung des sowjetischen Gefäßnähapparates (1959)
Wiederbelebung nach Herzstillstand (1960).

ARBEITSSTELLE FÜR INFEKTIONSKRANKHEITEN
IM KINDESALTER

Schmitz, Hermann: Zur Therapie der akuten Polyarthritis. Vortrag, Medizinisch-wiss. Ges. für Innere- und Kinderfachärzte bei der Universität Rostock, 8. Dezember 1951.

Ocklitz, Hans-Wolfgang, und *Erich Franz Schmidt:* Beitrag zum Dyspepsiecoli-Problem. Dtsch. Ges.wesen 7, 777 und 809 (1952).

Schmidt, Erich Franz, Hans-Wolfgang Ocklitz und *Renate Husslein:* Zur Frage der Übertragung des Dyspepsiecoli in der Klinik Arch. Kinderheilk. *145*, 222 (1952).

Schmidt, Erich Franz: Die Serologie der *Escherichia-Coligruppe.* Kinderärztl. Praxis, Sonderheft S. 193 (1953).

Ocklitz, Hans-Wolfgang: Die Bedeutung pathogener Colistämme (Dyspepsiecoli) für die akuten Durchfallserkrankungen des Säuglings, mit einem Beitrag von *Schmidt, Erich Franz:* Zur bakteriologischen Untersuchungstechnik. Arch. Kinderheilk., 28. Beiheft, Enke-Verl. Stuttgart 1954.

Schmidt, Erich Franz, und *Hans-Wolfgang Ocklitz:* Die Desinfektion in der Säuglingsklinik im Hinblick speziell auf die Dyspepsiecoli-Übertragung. Dtsch. Ges.wesen *10*, 57 (1955).

Ocklitz, Hans-Wolfgang, und *Erich Franz Schmidt:* Das Vorkommen von Colitypen der Gruppe 0 26 bei Säuglingsdurchfällen. Acta paed. (scand.) *44*, 132 (1955).

— Über das Vorkommen von Dyspepsiecoli bei Erwachsenen. Helv. paed. Acta *10*, 450 (1955).

Ocklitz, Hans-Wolfgang: Die Prophylaxe. Buchabschnitt in A. Adam: Säuglingsenteritis. Thieme-Verl. Stuttgart 1956.

Schmidt, Erich Franz: Säuglingssalmonellose. Buchabschnitt in A. Adam: Säuglingsenteritis. Thieme-Verl. Stuttgart 1956.

— Säuglingsshigellose. Buchabschnitt in A, Adam: Säuglingsenteritis. Thieme-Verl. Stuttgart 1956.

Ocklitz, Hans-Wolfgang: Der Einfluß von Colitoxinen auf die Atmung der Rattenleber. Z. Kinderheilk. *77*, 489 (1956).

Ocklitz, Hans-Wolfgang, Erich Franz Schmidt und *Johanna Bahr:* Spezifische Darminfektionen des Säuglings im klinischen Vergleich. Z. Kinderheilk. *79*, 290 (1957).

Ocklitz, Hans-Wolfgang: Der infektiöse Hospitalismus in der Säuglingsklinik und seine Bekämpfung. Dtsch. Ges.wesen *12*, 1069 (1957).

Ocklitz, Hans-Wolfgang, und *Erich Franz Schmidt:* Enteropathogenic *Escherichia coli* serotypes — the infection of the newborn through the mother. Brit. Med. J. II, 1036 (1957).

Ocklitz, Hans-Wolfgang: Der Staphylokokkus und der Säugling. Therapie der Gegenwart *97,* 413 (1958).

Ocklitz, Hans-Wolfgang, und *Rosemarie Neuendorff:* Riesenzellen im Nasenabstrich, — eine Hilfe für die Masernfrühdiagnose? Med. Klin. *53,* 1130 (1958).

Ocklitz, Hans-Wolfgang, und *Erika Jürss:* Osmotische Leukozytenresistenz. Folia haemat. *76,* 106 (1959).

Ocklitz, Hans-Wolfgang, und *Ingrid Romeikat:* Die Verhütung der Schmierinfektion in der Schwesternarbeit auf der Säuglingsstation. Arch. Hyg. *143,* 172 (1959).

Ocklitz, Hans-Wolfgang, und *Anna-Elisabeth Schmieter:* Die Wirksamkeit der Antibiotika bei Dyspepsiecoli-Infektionen. Dtsch. Ges.wesen *14,* 721 (1959).

Ocklitz, Hans-Wolfgang, und *Erich Franz Schmidt:* Stuhlflora-Analysen bei mit Antibiotika behandelten Säuglingen. Zbl. Bakt. Hyg. I. Orig. *174,* 402 (1959).

— Antibiotika und die Mikroben im Säuglingsstuhl. Arch. Kinderheilk. *160,* 147 (1959).

Ocklitz, Hans-Wolfgang: Säuglingssterblichkeit und antimikrobielle Therapie. Therapie der Gegenwart *98,* 381 (1959).

Ocklitz, Hans-Wolfgang, und *Edda von Harder:* Die osmotische Leukozytenresistenz bei Infektionskrankheiten im Kindesalter. Z. Kinderheilk. *83,* 1 (1959).

Schmidt, Erich Franz: Infektiöse Säuglingsenteritiden. Aktuelle diagnostische und therapeutische Fragen der Pädiatrie. Verl. Volk und Gesundheit, Berlin 1959.

Haenel, H., Erich Franz Schmidt und *Gisela Feldheim:* Fäkale Dysbiose im Säuglingsalter. Z. Kinderheilk. *82,* 595 (1959).

Feldheim, Gisela, Erich Franz Schmidt und *H. Haenel:* Über die Besiedlung des Meconiums. Zbl. Bakt. Hyg. I. Orig. *177,* 62 (1960).

Schmidt, Erich Franz: Zur Ätiologie der akuten Durchfallsstörungen des Säuglings. Med. Klin. *55,* 1082 (1960).

Ocklitz, Hans-Wolfgang, und *Barbara Rothkath:* Hospitalismus und Begleitkind. Dtsch. Ges.wesen *15,* 2404 (1960).

Ocklitz, Hans-Wolfgang, und *Günter Sattelkau:* Maserntherapie mit Vakzine nach Arakawa. Mschr. Kinderheilk. *109,* 239 (1961).

Ocklitz, Hans-Wolfgang, Hermann Schmitz und *Ludmilla Weh:* Ernährungsuntersuchungen mit frauenmilchadaptierter Nahrung. In Jochims: Die Bedeutung der Nahrungsfette in der Pädiatrie. Enke-Verl. Stuttgart 1961.

Schmitz, Hermann: Die Behandlung und Prophylaxe des rheumatischen Fiebers im Kindesalter. Vortrag, Medizinisches Fortbildungszentrum Landsberg bei Meiningen, 26. Mai 1961.

Die Arbeitsstelle für Infektionskrankheiten im Kindesalter wurde im Juli 1961 gegründet. Um eine Einführung in ihre Aufgabenstellung zu geben, sind bereits früher erschienene Arbeiten aufgeführt.

AUTORENREGISTER

FSC
www.fsc.org
MIX
Papier | Fördert gute Waldnutzung
FSC® C083411

Kolibri 360 GmbH
Ferdinand-Jühlke-Straße 7
99095 Erfurt, Deutschland
produktsicherheit@kolibri360.de